高 等 教 育 学 校 教 材

市政与环境工程系列丛书

给排水科学与工程专业概论

主 编 张 军 贾学斌 刘 心

主 审 赵文军

哈尔滨工业大学出版社

内 容 简 介

　　给排水科学与工程专业到底是一个怎样的专业？主要的学习内容是什么？真是很好的专业吗？本书主要通过 10 章的内容，将上述内容简明扼要地介绍给大家。通过本书的学习，读者可对给排水科学与工程专业有个最粗浅的了解，知道要学习的课程，了解该专业的知识框架。

　　本书是高等学校给排水科学与工程专业刚入校本科生的专业概论教材；也可供家长们了解孩子所学专业的主要内容；亦可供高考报志愿时，高中教师、学生、家长了解给排水科学与工程专业的性质和内容。

图书在版编目（CIP）数据

　　给排水科学与工程专业概论/张军，贾学斌，刘心主编.
—哈尔滨：哈尔滨工业大学出版社，2023.3
　　ISBN 978-7-5603-7673-8

　　Ⅰ.①给… Ⅱ.①张… ②贾… ③刘… Ⅲ.①给排水
系统-高等学校-教材　Ⅳ.①TU991

中国版本图书馆 CIP 数据核字（2018）第 211221 号

策划编辑　王桂芝　贾学斌
责任编辑　张　荣　陈雪巍　林均豫
出版发行　哈尔滨工业大学出版社
社　　址　哈尔滨市南岗区复华四道街 10 号　邮编 150006
传　　真　0451-86414749
网　　址　http://hitpress.hit.edu.cn
印　　刷　哈尔滨市颉升高印刷有限公司
开　　本　787 mm×1 092 mm　1/16　印张 15.5　字数 311 千字
版　　次　2023 年 3 月第 1 版　2023 年 3 月第 1 次印刷
书　　号　ISBN 978-7-5603-7673-8
定　　价　45.00 元

前　言

随着我国经济社会发展不断深入，生态文明建设地位和作用日益凸显，"绿水青山就是金山银山"——国家层面上对环境保护的重视，"海绵城市""黑臭水体治理""城市地下综合管廊"等项目的提出，更加凸显了给排水科学与工程专业社会发展的前景。

"给排水科学与工程专业"是什么？这个专业前景怎样？这也正是大多数同学在报高考志愿时很想知道的。当时，学生在不了解的情况下，道听途说到："这个专业很好！"于是，就在各种建议下，懵懵懂懂地填报了这个"大家都觉得很好的专业"；更有甚者，都没了解过这个专业，只因为报高考志愿的时候填写了服从，就被调剂到了"给排水科学与工程专业"。

"给排水科学与工程专业"到底是一个怎样的专业？真是很好的专业吗？

"给排水科学与工程专业"研究的内容和主要就业的方向是怎样的？

"给排水科学与工程专业"课程是以物理为主还是以化学为主，或是其他？为什么还要学微生物？所学课程内容大概是什么？还有哪些课程？应该怎样学？

"给排水科学与工程专业"学成之后具备的能力要求是什么，能做什么？毕业后好不好就业，大学毕业了是应该就业还是考研？

本书主要通过10章的内容，将上述内容简明扼要地介绍给大家，通过本书的学习，读者可对给排水科学与工程专业有个最粗浅的了解，以便及早地对大学生活有个初步规划，因为，这才是学生真正的"事业起点"！改变命运的又一重要时刻来临了。

本书是高等学校给排水与工程专业刚入校本科生的专业概论教材；也可供家长们了解孩子所学专业的主要内容；亦可供高考报志愿时，高中教师、学生、家长了解给排水与工程专业的性质和内容。

本书共10章，由黑龙江大学张军、贾学斌及黑龙江工程学院刘心主编，黑龙江大学赵文军、许铁夫等参编，具体分工如下：张军负责编写第3、6、9章，贾学斌负责编写第1、2、8章，刘心负责编写第4、7章，赵文军负责编写第5章，许铁夫负责编写第10章。全书由张军、贾学斌统稿，赵文军任主审。本书的出版得到了"黑龙江省教育科学规划重点课题：环境生物群落结构与演替解析实验混合式教学的研究与实践"（GJB1421042），以及"黑龙江大学新世纪高等教育教学改革工程项目：给排水科学与工程专业工程教育认证与人才培养模式研究项目"（2017C20）的支持。感谢黑龙江大学建筑工程学院张多英、亓云鹏、马玉新、马维超、薛文博、刘春花、马虹等老师的支持和帮助，还要感谢何国鹏、陶冉、李晓军、宋晓燕、李卓、吕永杰、李菲菲、邹志坤、关淑华等在资料整理、文字加工等方面做的大量工作。

由于编者水平有限，在编写过程中仍有许多考虑不周的地方，因此难免存在疏漏和不足，真诚希望有关专家和读者批评指正。

编　者

2023 年 1 月

于哈尔滨

目　　录

第1章 概 论

1.1 给排水科学与工程专业的专业属性

1.1.1 给排水科学与工程专业的专业门类

1. 给排水科学与工程专业

给排水科学与工程专业（Water Supply and Drainage）是工学门类土木工程类专业，服务于国民经济建设和发展中与给水排水相关的领域。

给排水科学与工程专业是高等学校本科专业目录中，工学门类土木工程类下设的二级学科——市政工程的对应专业。

2. 给水排水工程

"给水排水工程"是城乡建设的重要基础设施，是实现水资源可持续利用和城乡可持续发展的重要保障。

"给水排水工程"以城乡及工业为主要对象，主要从事水的开采、加工、输送、回收及利用，满足城乡生活和工业生产的用水需求，并将生活污水和工业废水收集、净化与再生利用等，实现水的良性社会循环的工程建设活动（图1.1）。

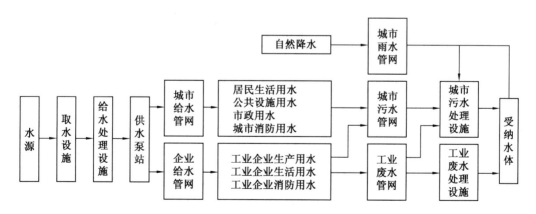

图1.1 "给水排水工程"涵盖的领域和工程

"给水排水工程"产业主体是给水排水等相关企业，并广泛涉及相关的科研设计、工程技术、设备制造、管理等领域，给排水科学与工程正是为其提供技术和人才支撑的核心学科专业。

3. 给排水

"给排水"即给排水科学与工程专业的简称，一般指的是学习有关城市用水供给系统、排水系统（市政给排水和建筑给排水）、水资源利用与保护等城市水系统的工程规划、设计、施工、运行、管理等知识的专业。

4. 给排水科学与工程专业的授予学位及相近专业

给排水科学与工程专业在高等学校本科专业目录中的专业代码为 081003，授予学位为工学学位，支撑学科及相近专业为：力学、化学、生物学、土木工程、水利工程。

1.1.2 给排水科学与工程专业的学制年限

在普通高等学校里，给排水科学与工程专业与大多数工科专业一样，一般情况下学制为 4 年，就是说，学生按照学校正常的教学安排经过 4 年的修读学习就可以毕业了，当然了，前提是达到相关要求。

也有特殊情况，由于我国高校现在都实行的是学分制，有非常优秀的同学，在 3 年内就按要求学完了 4 年的学习任务，达到了毕业要求。但这种情况，在国内的大学还是很少见的，造成这种情况的原因是：除了课程前后衔接有要求之外，在时间安排上也有很多冲突。因此，对于大多数同学来说，若不是"神童"，在大学里按部就班，4 年毕业就好了。

还有另外一种情况，就是经过正常的 4 年修读，没有达到毕业要求的学分，或某些课程没有通过，或是其他种种原因，在符合学校要求和本人自愿的前提下，可以在大学里最多学习 8 年。而这种情况，在大学里可不是少数，几乎是每个专业，每年都至少会有那么几个同学能够"顽强"坚持到 4 年以上。希望做这种"坚持"的人不是你。

所以，一般都在专业介绍中写上：学制 4 年，修学年限 3～8 年。

1.1.3 给排水科学与工程专业的培养目标

给排水科学与工程专业以力学、化学、生物学等为主要学科基础，综合运用工程力学、材料、设备、仪表与控制、信息科学、管理、运营、经济、法律等相关学科知识和技术，不断吸收融合分子生物学、纳米科学与技术、膜科学与技术、痕量分析与检测等现代科学技术成果，面对以水资源紧缺、水污染严重、洪涝灾害为标志的水危机，以实现水的良性社会循环为理念，解决给水排水行业的工艺技术及工程设计、施工与运行管理等问题（图 1.2）。

图 1.2 给排水科学与工程专业学习内容及培养目标

针对给排水科学与工程专业实施的社会责任和目标，国内很多高校的专业培养目标都差不太多，比较统一的说法是：给排水科学与工程专业培养的人才应掌握解决给水排水工程问题的理论和方法，包括水资源利用与保护、水质工程学、给水排水管网系统、建筑给水排水工程的基本原理与设计方法；熟悉给水排水工程结构、材料与设备的基础知识，熟悉工艺系统的控制原理，熟悉给水排水工程施工与运营管理的知识和方法；了解给水排水工程发展历史、相关学科的基本知识及其与本专业的关系；了解工程规划、工程设计与工程施工的相关程序和要求；了解本专业有关的法律、法规、标准和规范。给排水科学与工程专业以力学、化学、生物学等为主要学科基础，图 1.3 简要地展示了给排水科学与工程专业的主干专业课程。

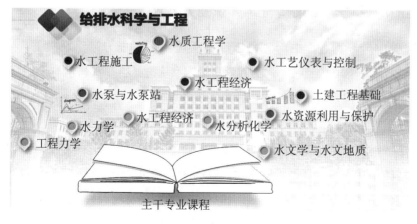

图 1.3 给排水科学与工程专业的主干专业课程

给排水科学与工程专业培养的专业人才，要求具有一定人文社会科学和自然科学素养，系统掌握给排水科学与工程专业的基本理论和专业知识，是主要服务于水资源利用与保护、城乡给水排水、建筑给水排水、工业给水排水和节水工程技术等方面，具备城市给水工程、排水工程、建筑给水排水工程、工业给水排水工程、水污染控制规划和水资源保护等方面的知识，能在政府部门、规划部门、经济管理部门、环保部门、设计单位、工矿企业、科研单位、大中专院校等从事规划、设计、施工、管理、教育和研究开发方面工作的应用型高级专门人才，其职业发展方向如图 1.4 所示。当然也有比较好的、知名的高校培养规格中，会对"应用型"等字样有修改，比如哈尔滨工业大学就会把"应用型"变成"研究型"的表述。

图 1.4　给排水科学与工程专业职业发展方向

1.1.4　给排水科学与工程专业的知识能力要求

在学校的 4 年学习过程中，学生应该获取哪些知识和能力？

按照专业的培养要求及《土木类教学质量国家标准（给排水科学与工程）》、《高等学校给排水科学与工程本科指导性规范》的规定内容，经过本专业的系统学习，学生应具备以下几方面的知识和能力：

（1）掌握高等数学及工程数学的基本理论，掌握大学物理、大学物理实验的基本理论、实验技能及其应用，掌握无机化学、有机化学和物理化学的基本原理及其实验方法和实验技能，了解信息科学的基本知识和有关技术，以及现代科学技术发展的主要趋势和应用前景；通过相关基础理论课程的学习，培养科学的思维方法，初步具有合理抽象、逻辑推理和分析综合的能力。

（2）掌握给排水科学与工程的基础理论和知识，包括水力学、工程力学、水处理微生物学、水分析化学、泵与泵站、水文学和水文地质学；掌握工程制图、工程测量的基本知识和技能；熟悉电工、电子学和自动控制的基本知识；掌握解决本专业工程技术问题的理论和方法，包括水资源利用与保护、水质工程学、给水排水管网系统、建筑给水排水工程的基本原理设计方法；熟悉给水排水工程结构、材料与设备的基础知识，工艺系统的控制原理，给水排水工程施工和运营管理的知识和方法；了解给水排水工程发展历史、相关学科的基本知识及其与本专业的关系。

（3）具有较熟练地应用所学专业知识和理论解决工程实际问题的能力，具有从事给排水系统的规划、设计、施工、运行、管理与维护的基本能力。

（4）了解工程规划、工程设计的相关程序和要求；了解本专业有关的法律、法规、标准和规范；工作过程中能够综合考虑经济、环境、法律、安全、健康、伦理等制约因素，正确认识工程对客观世界和社会的影响。

（5）具有应用语言、文字、图形和计算机技术等进行工程表达和交流的能力。

（6）掌握基本的创新方法，具有追求创新的态度和意识；初步具有科学研究和应用技术开发的能力。

（7）具有文献检索、资料查询及运用计算机与信息技术获取和处理信息的基本能力。

（8）具有一定的组织管理能力、表达能力和人际交往能力以及在团队中发挥作用的能力。

（9）对终身学习有正确认识，具有不断学习和适应发展的能力。

（10）掌握 1 门外语，具有国际视野和跨文化交流、竞争与合作能力。

1.2　给排水科学与工程专业的主要方向

给排水科学与工程专业的主要学习和研究的内容是城市与自然环境水系统循环理论及工程技术问题。其内容涉及生产和生活用水及排水的各个环节（图 1.5）。从整个"取—供—排"流程可概括为：取水、净水处理、输送、供给、收集、污（废）水处理、排放。按照整个循环流程，在专业层面上大致可分成以下几个方向，即："给水工程方向""建筑给水排水工程方向""排水工程方向"和"其他方向"。

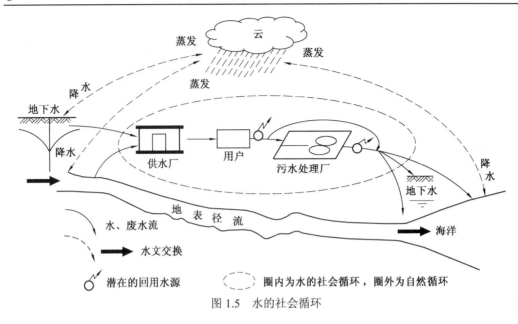

图 1.5　水的社会循环

1.2.1　给水方向

为了达到水的卫生及使用要求，建设地面或地下取水工程设施，设计及建设一座现代化的自来水厂，每天从江河湖泊中抽取自然水后，利用一系列物理和化学手段将水净化为符合生产、生活用水标准的自来水，然后通过城市供水管网，将自来水输送到千家万户，工艺流程为：水源→取水工程→净水厂（自来水厂）→城市供水管网→建筑给水（用户）（图 1.6）。该方向展现的内容，体现了给排水科学与工程专业在国计民生中的重要位置。

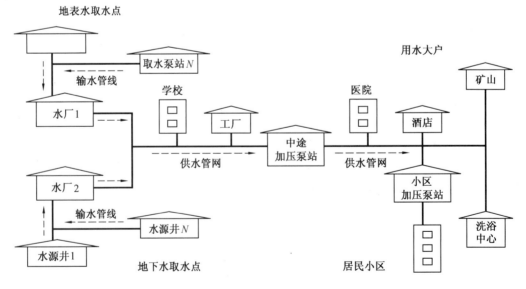

图 1.6　城市给水工程系统示意图

1.2.2 建筑给水排水方向

设计及建设一系列方便用户使用由管网输送而来的自来水设施、设备，是本专业一项重要内容。给排水科学与工程专业重要的学习内容就是规划和设计区域或小区内部用水，室内的暖卫设备及消防设计，洁净顺畅的工业企业及民用建筑的供水及排污管线的设计建设。高效卫生的用户使用系统（图1.7），以及消防安全周全规划，充分体现出专业所学的不可或缺性。

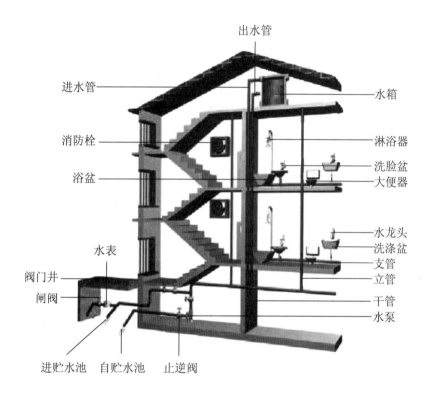

图 1.7 民用住宅供排水系统示意图

1.2.3 排水方向

如今被人们炒得火热的水体环境保护、水环境生态流域治理、黑臭水体的治理、海绵城市等，把"排水工程方向"展示在众人面前。设计及建设一座现代化的污水处理厂，把生产、生活使用过的污水、废水集中处理，然后干干净净地排放到自然环境中的自然水体中去（具体系统为：雨污水→雨污排水系统（管道系统）→雨污提升系统→污水处理系统→利用或排放（图1.8）），是人们乐于和希望看到的，这个方向承载了人们对碧水蓝天的渴望，也是本专业能够逐渐成为"热冷门"专业的原因。

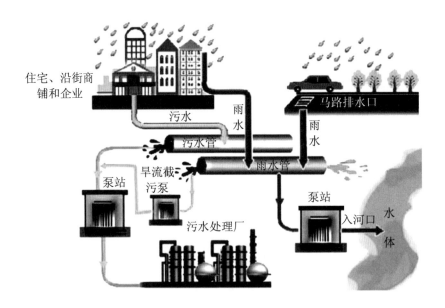

（a）城市排水工程及处理示意图

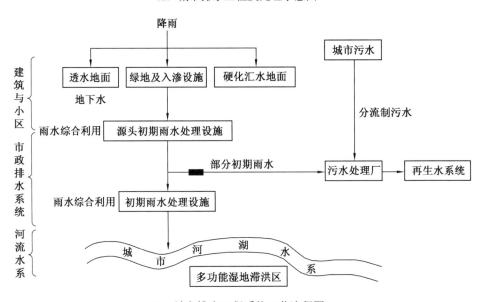

（b）城市排水工程系统工艺流程图

图 1.8　城市排水工程系统图

1.2.4　其他方向

随着社会专业分工的逐步细化和科技发展，给排水科学与工程专业的方向也逐渐有所拓展。

（1）尤其是科学技术的进步，使水处理工程领域基于设备与仪表技术发展的自动控制发生了很大变化，近些年水工艺仪表、水工艺设备、自控装置在工程设计中占有越来越多的内容，也越来越重要，因此，"水环境工艺设备"或"建筑环境设备"或许能成为给排水科学与工程专业新的方向。

（2）人们对环境治理的要求日益严格，除了水环境、大气环境之外，固体废物成为人们关注的另外一个治理对象。由于固体废物的处理及处置工程，很多环节的最终处置都要落实在尾液或渗滤液的工程治理，在2015年，国家住房和城乡建设部已经责成由"给排水科学与工程专业"将其作为专业的学习和研究内容。因此，随着该方向在专业中设置的地位变化，固体废弃物的处理与处置也会成为给排水科学与工程专业新的另一方向。

（3）近几年，随着国家对人民生命安全保障体系的重视，重新梳理了工程安全管理，在消防安全工程方面的管理，将原来归于武警军队系列审批管理的消防建审，转化为政府职能和专业化管理。因此可以预计，在未来的几年里，将会有一些学校兴起以给排水科学与工程、土木工程等专业为基础的"消防安全工程专业"建设的高潮。

1.3　给排水科学与工程专业的传承与发展

给排水科学与工程专业的原有名称为"给水排水工程"，于1952年正式设立，2012年教育部修订颁布《普通高等学校本科专业目录》，将"给水排水工程"更名为现在的专业名称——给排水科学与工程。其具体发展过程大体分为以下五个阶段。

1.3.1　依附于土木工程专业阶段

在中华人民共和国成立前及建国初期（1952年前），在高校并没有设置给水排水工程专业，有关基本教学内容设在土木工程专业之中。例如当时在哈尔滨工业大学、清华大学、同济大学、唐山铁道学院等几所学校土木工程专业中曾设有"给水工程""下水道工程"等课程，将相关内容作为土木工程专业的一个方向。具体记事年录为：

1917年，同济大学设立"工科"，分设机械、土木专门科，土木专门科中开设有"城市泄水学""水利学"课程。

1920年，哈尔滨中俄工业学校（哈尔滨工业大学早期名称）设置铁路建筑系，开设"给水和排水"等专业课程。

1925年，哈尔滨中俄工业学校在铁路建筑系设立了给水排水教研室。1925届本科毕业生（五年制）用俄文撰写完成了题目为《铁路供水》和《内部水务》的毕业设计。同年，唐山大学土木工程科内设"市政工程门"。

1929 年，清华大学工程学系改称为土木工程学系，内设铁路及道路工程组和水利及卫生工程组。同年，湖南大学土木系分设路工、结构、建筑、水利四个组。水利组开设给水工程、水文学、沟渠工程、河道工学、水力机械工程等课程。建筑组中开设"卫生工程"等课程。

1933 年，天津大学土木工程学系分为土木工程组和水利卫生工程组。水利卫生工程组开设给水工学、污渠工程、污渠工程计划及制图等课程。同年，清华大学建成卫生工程实验室。

1937 年，陶葆楷编著的大学丛书《给水工程学》、顾康乐编著的大学丛书《净水工程学》分别由商务印书馆发行。

1941 年，湖南大学土木工程科"水力组"开设"都市给水""污水工程""水工计划"等。

1944 年，国立山西大学工学院设立土木工程类科系，并设有课程"市政工程"。

1949 年，国立山西大学工学院土木工程学系设立结构组、路工组、市政组和水利组。

1950 年，"中央教育部党组小组关于哈尔滨工业大学改进计划的报告"土木建筑科设"卫生设备系"，下设给水及上下水道组（1951 年 9 月 1 日），计划于 1952 年建设"给水、上下水道"实验室。

1951 年，私立大厦大学、光华大学的土木工程系合到同济大学，调整后的同济大学土木工程系设市政专业组，开设给水工程、下水工程、水力学、水文学等课程。

1.3.2 设置专业及发展成长阶段

新中国成立后（1952～1965 年），由于经济建设发展的需要，借鉴当时苏联的高等教育模式，从 1952 年起，在高校开始单独设置给水排水工程专业，隶属于土木工程学科。当时有哈尔滨工业大学、清华大学、同济大学等高校设立了我国第一批给水排水工程专业。至 20 世纪 50 年代末，全国设有给水排水工程本科专业的学校有：哈尔滨工业大学、清华大学、同济大学、重庆建筑工程学院、湖南大学、天津大学、太原工学院、西安冶金建筑学学院、兰州铁道学院等，年招生共 400 余人，1960～1965 年间招生数持续增加，此间共培养了本、专科生 5 000 余人。

20 世纪 60 年代初，哈尔滨建筑工程学院、清华大学、同济大学、湖南大学、天津大学等高校开始培养给水排水工程专业的研究生，但十几年仅培养了研究生 20 余人，这一阶段给水排水工程专业教育主要是培养本科生和大中专生，部分高校还举办了给水排水工程专业的函授教育。在给水排水工程成立初期，是我国一些老一辈科学家及专业先驱人物，为本专业的发展打下了非常好的基础，因为有这些不计个人名利得失，为了国家经济建设无私奉献的老一辈知识分子，才有了本专业辉煌的发展历史。

以下是我国首批开设给排水专业的主要创始人的一些情况，可以说是专业及行业发展的一个缩影，基本代表了行业中发展的一些典型的人物和事件。

哈尔滨工业大学给水排水工程专业，最早执行苏联教学计划，5 年制（不含 1 年俄文预科）。苏联莫斯科市政建筑工程学院阿·马·莫尔加索夫副教授任主任，樊冠球任代理副主任。当时教研室教师名单：阿·马·莫尔加索夫、樊冠球、张自杰（后任代理副主任）、聂地申阔夫、刘狄、颜虎、舒文龙。给排水专业首批学生来自 1951 级土木建筑工程系学生，共 15 人。

在早期的师资队伍中，有两位重要的代表性人物。1955 年，许保玖到清华大学任教，是执教于我国给排水专业的第一位具有博士学位的教师。张自杰是我国派往苏联学习给排水并获得副博士学位的第一人。此外，苏联专家阿·马·莫尔加索夫、阿甫切卡列夫等受同济大学邀请来华讲学，于 1958 年与同济大学杨钦教授等共同作为导师，培养副博士4 人：李圭白、高廷耀、严煦世、陈霖庆，他们本可能成为在国内培养的首批本专业博士，但是后来受影响学业中断。其他一些学校，如清华大学的陶葆楷、顾夏声、王继明、李国鼎、李颂琛等；同济大学的杨钦、谢光华、李善道、裴冠西、郁雨苍、孙立成、秦麟源、方怀得、吴国凯等；经哈尔滨工业大学面向全国开办了两期（1953～1955 年）预留师资进修及研究生班的师资人员：赵锡纯、蒋远章、高明远、马中汉、姚雨霖、林荣忱、沈承龙、李圭白、王宝贞、王占生、邵元中、孙慧修、王训俭、廖文贵、陈霖庆等，这些人员为我国的给排水行业领域发展做出了巨大贡献，他们撰写的一些教材至今还为我们所使用。

1.3.3 专业发展停滞阶段

1966 年开始，全国高校停止招生。1970～1976 年期间，全国高校废除了高考，从工农兵中推荐大学生，学制为 3 年。此阶段，给水排水工程专业发展停滞，针对当时的历史条件，各高校教师仍自编教材，经常下工厂、下工地进行现场教学。在此期间，培养毕业生近 3 000 名。

1.3.4 专业恢复建设与发展阶段

1977～1996 年，给水排水工程专业进入了恢复建设与发展阶段。

1977 年，恢复高考后的第一批学生入学。当时，全国设有给水排水工程专业的本科院校仅有 10 余所，年均招生约 600 人。20 世纪 80 年代中期开始，给水排水工程专业得到了快速发展，一些学校由专科升为本科。同济大学和哈尔滨建筑工程学院也相继被批准设置市政工程学科博士学位授权点。

20世纪80年代末，设有给水排水工程本科专业的院校发展到30余所，年招生近2 000人；一批院校被批准设置市政工程学科硕士学位授权点；拥有博士学位授权点的学校也逐渐增加。1996年，设置给水排水工程专业的院校达到50余所，年招生（专科和本科）近5 000人。

此阶段专业重点仍以传授水的"给"和"排"为主，水处理方向相对薄弱；但高层建筑发展迅速，以重庆建筑工程学院为代表的学校相继开设了"高层建筑给水排水工程"课程。这一阶段后期，专业发展随着我国水质问题的日益突出和相关科学技术的发展，对专业人才知识结构的需求也在发生变化。

1.3.5　专业建设全面发展阶段

1996年以后，给水排水行业的内涵及外延已远非传统的给水排水工程所能覆盖，给水排水工程的主要矛盾由"水量问题为主"向"水量水质矛盾并重、水质问题突出"转变。随着社会经济的快速发展，我国对专业人才数量的需求迅速增加，进而使全国设有给水排水工程专业的高校数量不断增加，截至2012年8月，本科专业及方向性招生的学校达98所，年招生人数达到近9 000人。

2012年专业更名，由"给水排水工程专业"更名为"给排水科学与工程专业"。

至2020年为止，已经开办的给排水科学与工程专业的本科专业及方向性招生的学校近180所，年招生人数达到近15 000人。

为了适应实行执业注册工程师制度的需要，2003年我国建立了给水排水工程专业教育评估制度。2004年评估开始至2012年，全国给水排水工程专业已经通过专业教育评估的学校共计29所：哈尔滨工业大学、清华大学、同济大学、重庆大学、西安建筑科技大学、北京建筑工程学院、华中科技大学、湖南大学、河海大学、兰州交通大学、南京工业大学、广州大学、安徽建筑工业学院、沈阳建筑大学、长安大学、桂林理工大学、武汉理工大学、扬州大学、山东建筑大学、苏州科技学院、四川大学、武汉大学、青岛理工大学、吉林建筑工程学院、天津城市建设学院、浙江工业大学、华东交通大学、昆明理工大学、济南大学。

近几年，专业教育评估已经被"工程教育认证"逐步取代。所谓工程教育认证，是指2016年6月2日我国成为国际本科工程学位互认协议——《华盛顿协议》正式会员而组织的高校专业认证。《华盛顿协议》是美国、英国、加拿大等6个国家的民间工程专业团体发起的国际上本科工程学历资格互认的协约。目前，已经有一部分学校通过了工程教育认证，如广州大学、济南大学、河北工业大学、河南城建学院、盐城工学院、昆明理工大学等，还有一些学校，包括原来已经通过专业教育评估的学校，都在积极准备参与工程教育认证。

注：以上很多文字内容及本部分文字由原"全国高等学校给水排水工程专业指导委员会"主任崔福义教授提供。

在 20 世纪末及 21 世纪初，随着行业的发展，本专业也展现出一批杰出的人物，如中国给排水科学与工程专业的十大院士，他们为学科发展和行业领域科技进步做出了重大贡献，他们是：

1. 李圭白（1931.9—），1955 年毕业于哈尔滨工业大学。现任哈尔滨工业大学教授，博士生导师。1995 年当选为中国工程院院士。

2. 汤鸿霄（1931.10—），1958 年毕业于哈尔滨工业大学。现任中国科学院生态环境研究中心研究员、学术委员会主任。1995 年当选为中国工程院院士。

3. 刘鸿亮（1932.6—），1954 年毕业于清华大学。现任中国环境科学研究院研究员。1994 年当选为中国工程院院士。

4. 钱易，女（1936.12—），清华大学环境学院教授。1994 年当选为中国工程院院士。

5. 张杰（1938.2—），1962 年毕业于哈尔滨建工学院。现任中国市政工程东北设计研究院特聘总工程师、哈尔滨工业大学教授。1997 年当选为中国工程院院士。

6. 彭永臻（1949.2—），1995 年博士毕业于哈尔滨建筑大学。现任北京工业大学教授。2015 年当选为中国工程院院士。

7. 段宁（1949.7—），1975 年毕业于同济大学。现任中国环境科学研究院重金属清洁生产工程技术中心主任。2011 年当选为中国工程院院士。

8. 侯立安（1957.8—），2006 年毕业于解放军防化研究院。现任第二炮兵后勤科学技术研究所所长。2009 年当选为中国工程院院士。

9. 曲久辉（1957.10—），1992 年博士毕业于哈尔滨建筑大学。现任清华大学环境学院特聘教授，中国科学院生态环境研究中心研究员。2009 年当选为中国工程院院士。

10. 任南琪（1959.3—），1994 年博士毕业于哈尔滨建筑大学。现为哈尔滨工业大学教授。2009 年当选为中国工程院院士。

11. 马军（1962.7—），1990 年博士毕业于哈尔滨建筑工程学院。2019 年当选为中国工程院院士。

注：本排名是按照出生年月排序。

1.4　给排水科学与工程专业的就业部门与岗位

大学是以人的教育为主，使其成为一个人格健全、思想成熟、对客观世界认知全面的人，而职业技能知识传授和训练，只应该作为副产物，可是当今的所有趋势都指向职业和技能教育，由此我们不得不谈就业和职业规划，但请同学们一定要知道，你上大学的第一个最重要的目标是人的培养和成熟。

1.4.1　给排水科学与工程专业职业发展方向

前面我们介绍过，给排水科学与工程专业根据主要学习和研究的内容，大致可分成"给水工程方向""建筑给水排水工程方向""排水工程方向"和"其他方向"，那么就业也由此按其方向主要分为：给水工程、排水工程、建筑给排水工程及其他。

给排水科学与工程专业的就业前景还是非常不错的，资料表明，"在很多国家还是紧缺专业"，据说是"在紧缺专业里面排第四位"。

给排水科学与工程专业的就业面广，毕业生可以到设计部门、规划部门、环境保护部门、建设单位、科研院所、高等院校、工矿企业、经济管理部门和政府部门等从事给水排水工程规划、设计、管理、科研和教学等工作。

给排水科学与工程专业的就业可以笼统地归纳为四个大方面：各级别集团公司、工程公司、建筑公司、安装公司；各地各级别设计院；水行业相关行政管理部门供水、净水等公用事业单位；各类水工业集团公司和房地产企业。

1.4.2　给排水科学与工程专业就业岗位

给排水科学与工程专业毕业生主要就业岗位有给排水工程师、水电工程师、水暖工程师、项目经理、安装工程师、给排水设计师、水务项目公司经理、工程经理等。

这样说还是比较笼统的，举几个例子：就建设单位而言，如中建公司、中铁公司、中核公司、中电公司、中建安装、省建公司、省建安装、市建公司等，在以上的任何一个单位从事上述的给排水工程师、水电工程师等岗位；就工矿企业而言，那就包含的繁杂众多，凡是用水大户都需要给排水工程师，很多不是用水大户但是排水重污染的企业也需要给排水工程师。

就业单位除了这些国有或知名的大建设单位之外，还有些小单位，比如一些小型环保公司，只有区区十几个人，但每年创造的企业利润和个人收入都是非常不错的。当然了，自来水厂和污水处理厂也是给排水科学与工程专业主要的就业方向之一。这些年，随着自来水厂和污水处理厂的建设加快并遍地开花，这些厂的技术人员和管理人员大多是由外行顶替着，很少能招到给排水科学与工程专业的本科生。

也有些人想进入到类似市建委、环保局、环卫局、水利局、排水处等政府部门，那就必须经历人们所说的"国考""省考"等，即公务员考试，只有通过了相应的公务员考试才能进入这些部门从事专业管理工作。

总之，给排水科学与工程专业就业渠道太多，也太过繁杂，难以详细说清楚，可以说，只要学好专业知识，发挥能动作用，就能在想去的行业找到自己的岗位。

1.5 给排水科学与工程专业的就业形势

随着我国经济社会发展不断深入，生态文明建设地位和作用日益凸显，建设生态文明是关系人民福祉、民族未来的大计，是实现中华民族伟大复兴中国梦的重要内容。"绿水青山就是金山银山"——国家层面上对环境保护的重视；"海绵城市建设""黑臭水体治理""城市综合管廊"等项目的提出，更加凸显了给排水科学与工程专业社会发展的前景（图1.9）。

图 1.9　给排水科学与工程专业社会发展前景

国家在生态流域治理、黑臭水体治理等环境保护方面，以及与民生生活密切相关的自来水厂、污水厂建设等的投资日益增多且巨大，根据麦可思研究院的《就业蓝皮书——中国本科生就业报告》（多年统计数据）中全国就业数据分析资料显示，给排水科学与工程专业的就业率属于所有专业就业中最好的50个本科专业之一，其近几年就业数据如下：

2008 年给水排水专业半年后的就业率为 95%，排名第 6。

2010 年给水排水专业半年后的就业率为 96.1%，排名第 38。

2011 年给水排水工程专业毕业半年后就业率为 94.6%，排名第 29。

2012 年给排水科学与工程专业毕业半年后就业率达 97.5%，排名未知。

2014 年给排水科学与工程专业毕业半年后就业率达 97%，排名第 7。

2015 年给排水科学与工程专业毕业半年后就业率达 92%，排名第 6。

2016 年给排水科学与工程专业毕业半年后就业率尚未获知准确数据。

2017 年给排水科学与工程专业毕业半年后就业率达 93.4%，排名第 19。

2018 年给排水科学与工程专业毕业半年后就业率达 95.5 %，排名第 7。

2019 年给排水科学与工程专业毕业半年后就业率达 93.9 %，排名第 22。

本 章 习 题

1. 怎样理解给排水科学与工程专业的培养目标？你的大学主要目标是什么？

2. 在学校的 4 年学习过程中，你能否将专业中的获取知识和能力更具体化一些，详尽地就某一方向写出这些知识和能力？

3. 给排水科学与工程专业的主要学习和研究方向有哪几个？你对哪个方向比较感兴趣？能否在网上查一些更多相关的内容？

4. 有关于专业的发展的过程，你是否还了解一些其他的故事？

5. 你对 4 年后的就业是怎样想象的？

第 2 章　专业课程设置概况及修读指南

专业课程设置概况及修读指南是新入学的大学生必须要了解的，很重要，是对本专业大学四年学习的课程学习要求的整体概述。

"给排水科学与工程专业"的课程是以物理为主还是以化学为主，或是其他？为什么还要学微生物？所学课程内容大概是什么？还有哪些课程？该怎样去学习？刚进入大学，同学们对这些非常关心，因为大家知道，了解了即将学习的内容，就可以根据这些课程的内容和前后衔接的特点，有计划地制定出相应的策略，合理地安排学习和生活。

需要注意的是，由于我国大学课程设置的特点，在大学一二年级的时候，很少有本专业教师的课程，更难得见到本专业的专业教师，学习的都是一些基础课，如高等数学、大学外语、化学、力学及思修类课程等，这些课程的教师一般都是基础学部或其他院系的基础课教师，这类课程对一般同学而言，枯燥、难学，加之见不到本专业的教师，更不了解本专业是学什么的，所以很多同学就觉得大学学习这些枯燥无味且不知为什么学，因此就产生厌学的思想。每一届都会有一批同学，一二年就抓了很多科目的补考，甚至对未来失去了目标和信心，等到大三开始学习专业课才了解到专业内容、职业内容及能力要求，才觉得学习的重要性，这时候虽然努力也不算晚，但一二年级的过失难以弥补。因此，请同学们一定认真阅读及熟知以下内容，及早地了解本专业的学习要求和课程，明确学习目标，制订计划。

2.1　大学期间学习的课程类型和学分要求

目前，我国大学学习修读的方式是以学分制为主，也就是说，按照学校各个专业制定的课程要求，大家通过获得学分并积累到专业修读要求的学分总值之后，方能达到毕业要求。那么，首先要了解需要修读哪些类型的课程，这些不同类型课程的学分要求各是多少？

2.1.1　主要的课程类型

我国的给排水科学与工程专业的课程设置及教学要求，基本都是按照《土木类教学质量国家标准（给排水科学与工程）》《高等学校给排水科学与工程本科指导性规范》为依据进行设置的，因此，主要课程类型和修学要求大体相同，不同之处在于这个学校的历史背景或者是定位，如有些重点学校主要是研究型的定位，那么在教学中肯定是以理论深度为重点的；而有些学校是以应用型为主的，在教学中就经常会增加力学、工程结构及工程经济等方面的课程。

在本专业学习过程中需要修读五类性质的课程，分别是：通识必修课、通识选修课、学科基础课、专业必修课、专业选修课。

1. 通识必修课

通识必修课一般都是在低年级开设必须学习的课程，通过学习该课程，学生们具备进一步学习专业课程的基本知识、技能和方法，如大学英语、大学语文、大学体育及一些哲学类课程。这一类课程全校所有专业的学生差不多都必须学，而且要求必须要通过考试。

2. 通识选修课

通识选修课程是学校根据各自的特色自设的，由学校统一协调，学生在选课时，一般是根据个人兴趣、爱好和个人条件，自己在学校提供的选课平台上自选的。比如：世界文化与国际视野、地球科学与工程、安全教育、环境保护概论、艺术赏析、电影赏析、服装文化与着装搭配、摄影、毛笔字，等等。

这类课程没有专业要求，也没有年级限制，一般只要是在选课学期有这类课程，学生就可以根据自己的修学计划选定，1～4年级的任何一个学期都可以选修。通识选修课需要在毕业之前修满学校规定的学分。

3. 学科基础课

学科基础课程是指那些为学习专业课打下基础的课程，是与专业相关的必选课程，对于给排水科学与工程专业，如高等数学、线性代数、概率论与数理统计、大学物理、大学物理实验、无机化学、工程力学、工程制图、水力学（实验）、测量工程学（实习）、水分析化学（实验）、水微生物学（实验）等，这些课程在选课系统中会直接默认选进你的课表中，只要你确认即可。

这类课程要求考试必须通过，毕业之前要求将这些课程的学分全部获得。

4. 专业必修课

专业必修课程是本专业的核心课程内容，这类课程包括理论和实践两大类课程。

（1）理论课程。如水泵与水泵站、建筑给水排水工程、水质工程学（Ⅰ、Ⅱ、Ⅲ）、水工程施工、水工程经济等，这些课程除了个别的开设在二年级之外，大多数都是在三年级以后开设。

（2）实践课程包括实验、课程设计和实习等内容课程。如水质工程学实验、水泵与水泵站实验、建筑给水排水工程课程设计、水质工程学（Ⅰ、Ⅱ、Ⅲ）课程设计、认识实习、生产实习、毕业实习、毕业设计。

专业必修课是学习本专业的知识，培养专业技能、素质的形成，为终身发展奠定共同的根基，这类课程也是要求考试必须通过，毕业之前要求将这些课程的学分全部获得。

5. 专业选修课

专业选修课程是专业核心课程的补充，有些课程是本专业必须要学习的，但限于高校学分限制的一些规定，这些课程无法容纳在专业必修课中，只能设置在专业选修课程中，还有一些其他课程是专业学科知识的拓展、深化，是增加专业知识面和技能及拓宽就业面的重要举措，更是对学生就业面的拓展。

这些课程如给排水工程 CAD（BIM）、C 语言程序设计、有机化学、物理化学、建筑材料、空调工程、工程地质与水文地质、固体废物处理处置、暖卫工程施工、水工艺设备基础、热工与供热工程、建筑概预算等。这类课程的修读要求是，达到毕业要求的学分即可，有些课程就算没通过也没有补考的机会，只能重修或选修专业的其他选修课程。

2.1.2　学分修读要求

根据每个学校的情况不同，给排水科学与工程专业根据自己的专业特色，人才培养方案规定的毕业总学分一般为 140～180，具体见表 2.1。

表 2.1　专业修读学分要求

课程类型	通识必修课	通识选修课	学科基础课	专业必修课	专业选修课	毕业总学分
学分要求	25～35	15	30～40	40～50	30～40	140～180

但由于近几年《华盛顿协议》的建立，以及 2016 年 2 月我国已经成为第 18 个正式会员，专业中的工程教育认证已经成为当今各个高校积极参与的大事，因此，现在很多学校逐步修改人才培养方案，执行符合工程教育认证的人才培养方案。

2.2　给排水科学与工程专业核心知识领域

2.2.1　学科基础课程、专业核心课程与实践性教学环节

1. 学科基础课程、专业核心课程

（1）学科基础课有：力学、化学、生物学、水微生物学。

（2）专业核心课程有：水泵与泵站、工程水文学、工程地质与水文地质、水资源利用与保护、建筑给水排水工程、给水排水管网系统、水质工程学、给排水工程结构、水工艺设备基础、水工艺仪表与控制、水工程施工、暖卫工程施工、高层建筑给排水、水工程经济、给排水工程概预算、水质工程学实验等。

（3）由于学校课程设置有专业基础课、专业必修课、专业选修课三者有最高学分限制及比例要求，所以这些专业核心课程无法全部放在专业必修课程中，因此有些课程只好放在专业选修课中，如：工程水文学、工程地质与水文地质、给排水工程概预算、暖卫工程施工、高层建筑给排水、水工艺设备基础等。

（4）高等学校给排水科学与工程专业指导委员会推荐的给排水科学与工程本专业"核心知识领域的课程知识单元和知识点"见表2.2～2.7。

表 2.2　专业知识体系中的核心知识领域

序号	核心知识领域	知识单元	知识点	推荐课程
1	专业理论基础	30	127	水分析化学、水处理生物学、工程力学、水力学
2	专业技术基础	20	73	水文学与水文地质学、土建工程基础、给排水科学与工程概论
3	水质控制	17	85	水质工程学
4	水的采集和输送	22	103	泵与泵站、水资源利用与保护、给水排水管网系统、建筑给水排水工程
5	水系统设备仪表与控制	9	40	水工艺设备基础、给排水工程仪表与控制
6	水工程建设与运营	18	57	水工程施工、水工程经济
	合计	116	485	16 门

表 2.3 专业理论基础知识领域的知识单元、知识点及要求

知识单元		知识点		
序号	描述	子序号	描述	要求
1	水质指标与标准体系	（1）	水分析化学的任务与分类、水质指标与水质标准	掌握
		（2）	水样的保存和预处理、取样与分析方法的选择	掌握
		（3）	分析方法的评价、加标回收率实验设计、相对标准偏差	掌握
		（4）	标准溶液与物质的量浓度	掌握
		（5）	实验用水、试剂分级、实验室质量控制	熟悉
2	酸碱滴定	（1）	酸碱质子理论、酸碱指示剂	掌握
		（2）	酸碱滴定曲线和指示剂选择、缓冲溶液	掌握
		（3）	碱度的测定及计算	掌握
3	络合滴定	（1）	EDTA 金属络合物的结构特征、稳定性	掌握
		（2）	pH 对络合滴定的影响、酸效应、条件稳定常数与酸效应曲线	掌握
		（3）	金属指示剂作用原理、僵化作用与封闭作用	掌握
		（4）	提高络合滴定选择性、络合滴定的方式与应用	掌握
4	沉淀滴定	（1）	沉淀溶解平衡与影响因素	熟悉
		（2）	沉淀滴定法的应用（莫尔法原理与滴定条件）	掌握
5	氧化还原滴定	（1）	氧化还原反应的特点、提高氧化还原反应速度的方法	熟悉
		（2）	氧化还原反应平衡与电极电位的应用	掌握
		（3）	氧化还原指示剂、高锰酸钾法、重铬酸钾法	掌握
		（4）	碘量法（余氯、溶解氧）的测定与计算、溴酸钾法	掌握
6	电化学分析	（1）	电位分析法（指示电极、参比电极、pH 测定）	掌握
		（2）	电导分析法	熟悉
7	分子吸收光谱	（1）	吸收光谱（朗伯-比尔定律、吸收光谱曲线）	掌握
		（2）	显色反应与影响因素	掌握
		（3）	分光光度计的工作原理与使用方法	熟悉
		（4）	吸收光谱法的定量方法	掌握
		（5）	天然水中铁的测定	熟悉
8	细菌的形态和结构	（1）	细菌的形态与大小	掌握
		（2）	细菌细胞结构	熟悉
		（3）	菌落特征	了解

续表 2.3

知识单元		知识点		
序号	描述	子序号	描述	要求
9	细菌的生理特性	(1)	细菌的营养	掌握
		(2)	酶及其作用	熟悉
		(3)	细菌的呼吸	掌握
		(4)	环境因素对细菌生长的影响	掌握
10	细菌的生长和遗传变异	(1)	细菌的生长及其特性	掌握
		(2)	细菌计数和细菌生长测定方法	掌握
		(3)	细菌的遗传与变异	熟悉
11	病毒与噬菌体	(1)	病毒的基本特征与生理特性	熟悉
12	丝状菌与真核微生物	(1)	放线菌、光合细菌	了解
		(2)	真菌、藻类	熟悉
		(3)	原生动物与后生动物	熟悉
13	水的卫生细菌学	(1)	水中的病原细菌	掌握
		(2)	大肠菌群及其测定方法	掌握
		(3)	水中病原微生物的控制方法	掌握
		(4)	水中的病毒及其检验	了解
14	废水生物处理中的微生物	(1)	污染物的降解与转化基本规律	掌握
		(2)	典型有机物的生物降解途径	掌握
		(3)	无机元素的生物转化	掌握
		(4)	典型废水生物处理方法及其微生物特性	熟悉
15	静力学基础	(1)	力、平衡、刚体、力偶、滑动摩擦力	了解
		(2)	约束与约束反力	掌握
		(3)	力的平移与力系的简化	掌握
		(4)	受力分析与受力图	掌握
16	力系的平衡	(1)	平衡条件	掌握
		(2)	平面力系	掌握
		(3)	物体系统的平衡问题	掌握
		(4)	空间力系、重心	熟悉
		(5)	静定与静不定的概念	了解

续表 2.3

知识单元		知识点		
序号	描述	子序号	描述	要求
17	杠杆的内力	（1）	可变形固体的基本假设	了解
		（2）	杠杆的基本变形	掌握
		（3）	内力	掌握
18	杠杆横截面上的应力	（1）	应力和应变的概念	了解
		（2）	胡克定律	熟悉
		（3）	简单拉压杆的正应力	掌握
		（4）	对称截面梁的弯曲正应力	掌握
		（5）	对称截面梁的弯曲切应力	掌握
		（6）	圆轴的扭转切应力	掌握
19	材料的力学性能	（1）	低碳钢等材料在拉伸和压缩时的力学性能	了解
20	杆件的强度计算	（1）	强度失效形式	了解
		（2）	强度设计计算准则	熟悉
		（3）	简单拉压杆的强度计算	掌握
		（4）	圆轴扭转时的强度计算	掌握
		（5）	对称截面梁的正应力强度计算和切应力强度计算	掌握
		（6）	杠杆强度的合理设计	熟悉
21	杆件的位移与刚度计算	（1）	简单拉压杆的变形计算	掌握
		（2）	圆截面轴的扭转变形计算	掌握
		（3）	梁的弯曲变形计算	掌握
		（4）	组合变形	了解
		（5）	刚度设计计算准则	掌握
		（6）	杆件刚度的合理设计	熟悉
22	运动学	（1）	点的运动的描述方法	熟悉
		（2）	点的速度和加速度	掌握
		（3）	点的合成运动的概念	掌握
		（4）	点的速度合成定理	掌握
		（5）	点的加速度合成定理	熟悉
		（6）	刚体基本运动	掌握
		（7）	刚体平面运动	掌握
		（8）	平面图形内各点的速度	掌握
		（9）	平面图形内各点的加速度	熟悉

续表 2.3

知识单元		知识点		
序号	描述	子序号	描述	要求
23	动力学	（1）	动量、冲量、动量矩、转动惯量	熟悉
		（2）	动量定理、质心运动定理	掌握
		（3）	动量矩定理	掌握
		（4）	刚体绕定轴的转动微分方程	掌握
		（5）	刚体的平面运动微分方程	掌握
		（6）	功、动能、势能、机械能	熟悉
		（7）	动能定理	掌握
		（8）	机械能守恒定律	掌握
		（9）	动力学普遍定理的综合应用	熟悉
24	动静法	（1）	惯性力的概念	了解
		（2）	质点和质点系的达朗伯原理	掌握
		（3）	刚体惯性力系的简化	掌握
25	水静力学	（1）	水静压强及其性质、液体平衡微分方程	掌握
		（2）	重力场中液体静压强的分布	掌握
		（3）	压强的计算标准和度量单位、液柱式测压计	熟悉
		（4）	液体的相对平衡	熟悉
		（5）	作用于平面壁上的静水总压力	掌握
		（6）	作用于曲面壁上的静水总压力	掌握
26	水动力学基础	（1）	描述液体运动的两种方法及欧拉法的基本概念	掌握
		（2）	连续性方程	掌握
		（3）	伯努利方程	掌握
		（4）	动量方程	掌握
27	水头损失	（1）	水头损失的两种形式、液体流动的两种形式与雷诺实验	掌握
		（2）	均匀流动基本方程、圆管中的层流运动	掌握
		（3）	紊流的脉动值与时均法值，圆管中的紊流运动	熟悉
		（4）	尼古拉兹实验紊流的半经验与经验公式	掌握
		（5）	工程管道的柯列勃洛克公式	掌握
		（6）	非圆管的沿程水头损失，管道的局部水头损失	掌握

续表 2.3

序号	描述	子序号	描述	要求
28	有压流动	（1）	孔口与管嘴	了解
		（2）	简单管路	掌握
		（3）	管路的串并联	掌握
		（4）	官网计算基础	熟悉
		（5）	水击	熟悉
29	明渠流动	（1）	明渠均匀流的水力特征与基本公式、明渠均匀流水力计算的基本问题	掌握
		（2）	梯形断面渠道的水力最优断面	熟悉
		（3）	无压圆管的水力计算	熟悉
		（4）	明渠非均匀流的基本概念与水面曲线分析	了解
30	渗流	（1）	渗流现象与渗流模型、达西渗流定律	掌握
		（2）	恒定渐变渗流的裘布依公式	掌握
		（3）	井、渗渠和井群的水力计算	熟悉

表 2.4 专业技术基础知识领域的核心知识单元、知识点及要求

序号	描述	子序号	描述	要求
1	水文学一般概念与水文测验	（1）	水文现象的概念、特点和研究方法	掌握
		（2）	水分循环	掌握
		（3）	水文学概念与范畴	熟悉
		（4）	河流与流域基本概念及特性	了解
		（5）	河川径流的形成过程、影响因素及其表示方法	掌握
		（6）	流域的水量平衡	掌握
		（7）	河川水文资料的观测与应用	掌握
2	水文统计基本原理与方法	（1）	频率与概率、经验频率曲线及理论频率曲线	了解
		（2）	水文频率分析方法	掌握
		（3）	相关分析的应用	掌握
3	年径流及洪、枯径流	（1）	设计年径流量及其年内分配	掌握
		（2）	设计洪水流量和水位	掌握
		（3）	设计枯水流量和水位	掌握

续表 2.4

知识单元		知识点		
序号	描述	子序号	描述	要求
4	降水资料的收集与整理	（1）	降水的观测与特征及降水分布	了解
		（2）	点雨量资料的整理	掌握
		（3）	暴雨强度公式的推求	掌握
5	小流域暴雨洪峰流量的计算、城市降雨径流	（1）	设计净雨量的推求，流域汇流、暴雨洪峰流量的推求公式、地区性经验公式及水文手册的应用	熟悉
		（2）	城市化与城市暴雨径流、城市水文资料的收集、城市设计暴雨、城市降雨径流的水质特性与控制	掌握
6	矿物与岩石、地质作用与地质构造	（1）	主要造岩矿物类型与特点	熟悉
		（2）	岩石的分类、成因和特性	掌握
		（3）	地质年代、地壳运动和地质作用	掌握
		（4）	岩层的产状及地质构造特征	掌握
7	地形地貌与第四纪沉积地层、土的物理性质及其工程分类	（1）	地形、地貌	掌握
		（2）	第四纪及其沉积物	掌握
		（3）	土的组成与构造	熟悉
		（4）	土的物理物理指标及工程分类	掌握
8	地下水的形成、运动	（1）	地下水的贮存与岩石的水理性质	掌握
		（2）	地下水的物理性质和化学成分	熟悉
		（3）	构成含水层的基本条件和地下水类型	掌握
		（4）	地下水运动的特征及基本规律	掌握
		（5）	地下水流向取水构筑物的稳定流理论及非稳定流理论	掌握
		（6）	含水层水文地质参数的确定	掌握
9	不同地貌地区地下水的分布规律	（1）	松散堆积物地区的孔隙水分布	掌握
		（2）	岩层地区的裂隙水分布	掌握
		（3）	岩溶地区的地下水分布	掌握
10	常用工程材料	（1）	钢筋的主要性质及适用范围	了解
		（2）	水泥的主要成分、主要特征、主要技术性质及适用范围	熟悉
		（3）	混凝土的组成与材料要求、主要技术性质	掌握
11	建筑物与构筑物的构造	（1）	基础的类型与构造以及与管道的关系	掌握
		（2）	楼、地面的类型与构造以及与管道的关系	掌握
		（3）	屋顶的类型与构造以及与管道的关系	掌握

续表 2.4

知识单元		知识点		
序号	描述	子序号	描述	要求
12	混凝土构件设计	（1）	钢筋和混凝土材料的主要物理力学性能	了解
		（2）	结构的可靠度、极限状态与使用表达式	熟悉
		（3）	钢筋混凝土受弯构件正截面承载力计算、斜截面承载力计算、裂缝宽度与挠度验算	掌握
		（4）	钢筋混凝土轴心受压和偏心受压构件承载力计算	掌握
		（5）	钢筋混凝土轴心受拉和偏心受拉构件承载力计算	掌握
13	基础设计	（1）	土中各种应力的分布与计算	熟悉
		（2）	浅基础的设计方法	掌握
14	给排水科学与工程学科与水工业	（1）	水的自然循环和社会循环、节水、水的社会循环的工程设施、给排水科学与工程及其发展、水工业及其产业体系	了解
15	水的利用与水源保护概述	（1）	水资源的含义、特征以及地球上水资源的总量与分类；我国水资源的总量、特点以及水资源紧缺的原因	了解
		（2）	地下水存在形式、类型和地下水取水构筑物	了解
		（3）	河流特征对地表水取水的影响和地表水取水构筑物	了解
		（4）	水资源保护的目标和对策、水污染的控制和治理、水源保护与水资源管理	了解
16	给水排水管网系统概述	（1）	给水排水系统的分类与组成、给水排水管网的系统组成和各组成部分的功能	了解
		（2）	配水管网布置形式	了解
		（3）	排水体制、排水管网布置形式	了解
		（4）	给水排水管网系统的规划及与城市规划的关系	了解
		（5）	给水排水管网系统的运行管理	了解
		（6）	给水排水管道材料及配件	了解
17	水质工程概述	（1）	水质和水质指标、水质标准	了解
		（2）	水的主要物理、化学及物理化学处理方法	了解
		（3）	水的主要生物处理方法（好氧法、厌氧法）	了解
		（4）	水及污、废水处理工艺	了解
18	建筑给水排水工程概述	（1）	建筑给水系统、建筑排水系统、建筑消防系统和建筑热水供应系统	掌握
		（2）	小区给排水及中水系统	掌握
		（3）	小区及建筑雨水综合利用	了解
		（4）	水景及游泳池给水排水设计	了解

续表 2.4

知识单元		知识点		
序号	描述	子序号	描述	要求
19	给排水设备及过程检测和控制概述	（1）	给水排水通用设备、专用设备的种类和几种典型一体化设备及其工艺流程	了解
		（2）	给水排水工艺过程检测项目和所用仪器设备的种类	了解
		（3）	给水排水工艺过程控制方法的分类	了解
20	水工程施工、经济及法规概述	（1）	水工程构筑物施工、水工程室外管道施工、水工程室内管道施工	了解
		（2）	水工程设备安装、水工程施工组织	了解
		（3）	水工程经济、水工程相关法规	了解

表 2.5　水质控制知识领域的核心知识单元、知识点及要求

知识单元		知识点		
序号	描述	子序号	描述	要求
1	水质工程导论	（1）	水的循环	了解
		（2）	水的现状及危机	了解
		（3）	水质工程	了解
2	水质与水质标准	（1）	水中的污染物	掌握
		（2）	水体的污染与自净	掌握
		（3）	水质标准	掌握
3	水处理方法与原则	（1）	反应器的基本概念	掌握
		（2）	主要单元处理方法	熟悉
		（3）	饮用水处理流程	熟悉
		（4）	污水处理流程	熟悉
		（5）	水质工程设计与计算的特点、原则和程序	熟悉
4	凝聚和絮凝	（1）	胶体的结构及稳定性	熟悉
		（2）	混凝机理以及混凝效果影响因素	掌握
		（3）	混凝剂种类及其选用原则	掌握
		（4）	混凝动力学	掌握
		（5）	混凝过程	掌握
		（6）	混凝设施	熟悉

续表 2.5

知识单元		知识点		
序号	描述	子序号	描述	要求
5	沉淀	（1）	杂质颗粒在水中的自由沉降和拥挤沉降	熟悉
		（2）	理想沉淀池理论与平流沉淀池	掌握
		（3）	非凝聚性颗粒的静水沉淀实验	掌握
		（4）	浅池理论与斜板沉池	掌握
		（5）	接触凝聚原理、澄清池及高密度沉淀池	掌握
		（6）	辐流沉淀池与固体通量理论	掌握
		（7）	气浮原理与气浮池	掌握
6	过滤	（1）	快滤池的构造和工作原理	掌握
		（2）	滤料特点、筛分与滤层性能	掌握
		（3）	快滤池运行的控制	掌握
		（4）	过滤水力学及过滤去除悬浮物的激励	掌握
		（5）	滤层反冲洗水力学	掌握
		（6）	滤池反冲洗系统	掌握
7	吸附	（1）	吸附现象和吸附模型	掌握
		（2）	活性炭的制备方法、性质及影响活性炭吸附的因素	掌握
		（3）	竞争吸附的概念和多组分吸附的评价方法	掌握
		（4）	活性炭的吸附与再生	掌握
		（5）	水处理过程中的其他吸附剂	了解
8	氧化还原与消毒	（1）	氧化剂性质、投加位置与净水作用	熟悉
		（2）	消毒基本原理	掌握
		（3）	氯化消毒原理与加氯方法	掌握
		（4）	氯化消毒副产物形成规律与控制方法	掌握
		（5）	其他种类消毒剂消毒原理与应用	掌握
		（6）	预氧化、深度氧化和高级氧化等技术原理和应用	了解
9	离子交换	（1）	离子交换剂的种类和性质	掌握
		（2）	离子交换反应的原理与应用	掌握
		（3）	离子交换装置和系统的使用方法	掌握
10	滤膜技术	（1）	膜的分类与性质	了解
		（2）	各种膜的工作原理及应用	掌握
		（3）	膜生物处理技术	掌握
		（4）	膜水处理系统及运行方法	掌握

续表 2.5

知识单元		知识点		
序号	描述	子序号	描述	要求
11	其他处理方法	(1)	中和法	熟悉
		(2)	化学沉淀法	熟悉
		(3)	电解法	熟悉
		(4)	吹脱、气提法	熟悉
		(5)	萃取法	熟悉
12	活性污泥法	(1)	活性污泥法及其污水净化机理	了解
		(2)	活性污泥形态、微生物作用、增殖规律及其影响因素	掌握
		(3)	活性污泥性能指标及反应动力学	掌握
		(4)	活性污泥工艺	掌握
		(5)	氧转移原理及其影响因素	掌握
		(6)	活性污泥的驯化培养、系统运行控制参数及方法	熟悉
		(7)	活性污泥法生物脱氮、除磷原理及工艺	掌握
13	生物膜法	(1)	生物膜法的基本概念与基本原理	掌握
		(2)	生物膜的增长及动力学	掌握
		(3)	各种生物滤池工作原理及其影响因素	掌握
		(4)	生物接触氧化法	掌握
		(5)	生物膜处理新工艺	熟悉
		(6)	生物膜法处理系统的运行与管理	了解
14	厌氧生物处理	(1)	厌氧生物处理基本原理	掌握
		(2)	厌氧微生物生态学	了解
		(3)	厌氧生物处理工艺	掌握
		(4)	悬浮生长与固着生长厌氧生物处理法	了解
15	污泥处理、处置与应用	(1)	污泥的分类、性质与计算	了解
		(2)	污泥浓缩	掌握
		(3)	污泥厌氧消化	掌握
		(4)	污泥干化、脱水与焚化	掌握
		(5)	污泥有效利用及最终处置	了解
16	典型给水处理系统	(1)	地面水的常规处理工艺系统	掌握
		(2)	受污染水源水处理工艺系统	掌握
		(3)	深度处理工艺	掌握
		(4)	水的除臭与除藻	熟悉
		(5)	水厂废水及废弃物处理	了解

续表 2.5

知识单元		知识点		
序号	描述	子序号	描述	要求
17	城市污水处理系统	（1）	城市污水水质分析	掌握
		（2）	污水处理基本方法与工艺系统选择	掌握
		（3）	污水深度处理与再生水利用	熟悉
		（4）	污泥处理与处置系统	掌握
		（5）	城市污水处理系统设计	熟悉

表 2.6 水的采集与输送知识领域的核心知识单元、知识点及要求

知识单元		知识点		
序号	描述	子序号	描述	要求
1	泵与泵站基础	（1）	泵与泵站在给水排水工程中的作用和地位	了解
		（2）	泵的定义及分类	熟悉
		（3）	泵与泵站运行管理的发展趋势	了解
2	叶片式泵	（1）	离心泵的基本构造与工作原理	熟悉
		（2）	叶片泵的基本性能参数及特性曲线	掌握
		（3）	离心泵装置运行工况	掌握
		（4）	离心泵机组的使用、维护	掌握
		（5）	轴流泵和混流泵及给水排水工程中常用的叶片泵	了解
3	给水泵站	（1）	给水泵站的分类与特点	了解
		（2）	泵的选择及附属设施的选取	掌握
		（3）	水泵机组及管路系统布置	掌握
		（4）	泵站水锤的防护及噪声控制	了解
		（5）	给水泵站的 SCADA 系统及给水泵站工艺设计	掌握
4	排水泵站	（1）	排水泵站的组成与分类	了解
		（2）	污水泵站的工艺特点	掌握
		（3）	雨水泵站的工艺特点	掌握
		（4）	合流泵站的工艺特点	掌握
		（5）	螺旋泵站的工艺特点	了解
		（6）	排水泵站的 SCADA 系统	了解
5	地表水资源量评价	（1）	地球水量储存与循环	熟悉
		（2）	水资源的形成	熟悉
		（3）	河流径流计算方法	掌握
		（4）	地表水资源量评价	掌握
		（5）	可利用地表水资源量估算	掌握

续表 2.6

知识单元		知识点		
序号	描述	子序号	描述	要求
6	地下水资源量评价	（1）	地下水资源分类	熟悉
		（2）	地下水资源评价的内容、原则与一般程序	掌握
		（3）	地下水资源补给量和储存量计算	掌握
		（4）	地下水资源允许开采量计算	掌握
7	供水资源水质评价与水资源供需平衡分析	（1）	生活饮用水水质标准与评价	掌握
		（2）	饮用水水源水质评价	熟悉
		（3）	其他用水的水质评价	了解
		（4）	水资源供需平衡分析典型年法	掌握
		（5）	水资源系统的动态模拟分析	掌握
8	地表水取水工程	（1）	地表水取水位置的选择	熟悉
		（2）	地表水取水构筑物分类及设计原则	掌握
		（3）	固定式取水构筑物构造与设计	掌握
		（4）	活动式取水构筑物构造与设计	熟悉
9	地下水取水工程	（1）	供水水源地的选择	熟悉
		（2）	管井构造	掌握
		（3）	管井和井群的出水量计算	掌握
		（4）	管井施工	掌握
		（5）	其他取水构筑物构造与水量计算	熟悉
10	给水排水管网系统功能和结构	（1）	给水排水系统的功能与组成	掌握
		（2）	用水量和用水量变化系数	掌握
		（3）	给水排水管网系统的功能与组成	掌握
		（4）	给水排水管网系统类型与体制	掌握
11	给水排水管网水力学基础、水力分析和计算方法	（1）	给水排水管网水流特征	熟悉
		（2）	管道与管渠水力计算	掌握
		（3）	水泵与泵站水力特性	熟悉
		（4）	给水管网水力特性分析	掌握
		（5）	树状管网水力分析	掌握
		（6）	管网环方程组水力分析和计算	掌握
12	给水排水管网工程规划	（1）	给水排水管网造价及经济分析方法	了解
		（2）	给水排水工程规划原理和工作程序	熟悉
		（3）	规划水量计算及管网规划布置	掌握

续表 2.6

知识单元		知识点		
序号	描述	子序号	描述	要求
13	给水管网设计与计算	（1）	设计用水量计算、流量分配与管径设计	掌握
		（2）	泵站扬程与水塔高度设计	掌握
		（3）	给水管网优化设计	熟悉
		（4）	给水管网设计校核	掌握
14	污水管网设计与计算	（1）	污水设计流量计算	掌握
		（2）	污水管道设计流量计算及管道设计参数	掌握
		（3）	污水管网水力计算	掌握
		（4）	管道平面图和纵剖面图的绘制	掌握
		（5）	管道污水处理	了解
15	雨水管渠设计与计算	（1）	雨量分析与计算	掌握
		（2）	雨水管渠设计与计算	掌握
		（3）	截留式合流制排水管网设计与计算	掌握
		（4）	排洪沟设计与计算	熟悉
		（5）	排水管网优化设计	了解
16	给水排水管道材料和附件	（1）	给水排水管道材料	熟悉
		（2）	给水管网附件	熟悉
		（3）	给水管网附属构筑物	熟悉
17	给水排水管网管理与维护	（1）	给水排水管网档案管理	了解
		（2）	给水管网监测与检漏	了解
		（3）	管道防腐蚀和修复	了解
		（4）	排水管道养护	了解
18	建筑给水系统及计算	（1）	给水系统的分类、组成和给水方式	掌握
		（2）	给水管道的布置与敷设	掌握
		（3）	增压和贮水设备	掌握
		（4）	给水管网的设计流量与水力计算	掌握
		（5）	高层建筑给水系统	熟悉
19	建筑消防系统及计算	（1）	消火栓给水系统及其设计计算	掌握
		（2）	自动喷水灭火系统及其设计计算	掌握
		（3）	其他固定灭火设施	熟悉
		（4）	高层建筑消防给水系统	掌握

续表 2.6

知识单元		知识点		
序号	描述	子序号	描述	要求
20	建筑排水系统及计算	（1）	建筑排水系统的分类及组成	掌握
		（2）	排水管道的布置与敷设	掌握
		（3）	污废水提升和局部处理	掌握
		（4）	排水管系中水气流动规律及与水力计算	掌握
		（5）	建筑雨水排水系统	掌握
		（6）	雨水内排水系统中的水气流动规律与水力计算	掌握
21	建筑热水供应系统及计算	（1）	热水供应系统的分类、组成及供水方式	掌握
		（2）	热水供应系统的热源、加热设备和贮热设备	掌握
		（3）	耗热量、热水量和热媒耗量的计算	掌握
		（4）	热水管网的水力计算	掌握
		（5）	高层建筑热水供应系统	掌握
22	小区给水排水工程、中水工程、雨水利用工程	（1）	小区给水排水系统	掌握
		（2）	建筑中水系统及处理工艺	掌握
		（3）	雨水利用工程	掌握
		（4）	特殊建筑给排水工程	了解
23	建筑给水排水设计程序、施工验收及运行管理	（1）	建筑给水排水设计程序和要求	掌握
		（2）	建筑给排水工程施工验收	熟悉
		（3）	建筑给排水设备的运行与管理	了解

表 2.7   水系统设备与控制知识领域的核心知识单元、知识点及要求

知识单元		知识点		
序号	描述	子序号	描述	要求
1	常用材料	（1）	金属材料基本性能	掌握
		（2）	无机非金属材料基本性能	掌握
		（3）	高分子材料的性能	了解
		（4）	常用塑料和橡胶的性能	掌握
		（5）	复合材料的性能特点	掌握
2	材料设备的腐蚀、防护与保温	（1）	腐蚀与防护基本原理	掌握
		（2）	材料设备的腐蚀与防护技术	熟悉
		（3）	设备保温构造及技术	熟悉

续表 2.7

知识单元		知识点		
序号	描述	子序号	描述	要求
3	设备设计、制造加工理论基础	（1）	容器应力理论基础	熟悉
		（2）	机械传动的主要方式	熟悉
		（3）	机械制造工艺基础	熟悉
		（4）	热量传递与交换理论基础	了解
4	容器（塔）设备	（1）	法兰	掌握
		（2）	支座	了解
		（3）	安全附件工作原理	熟悉
5	给水排水专用及通用设备	（1）	机械搅拌设备结构及其工作原理	掌握
		（2）	表面曝气设备的基本结构及原理	了解
		（3）	鼓风曝气设备的基本结构及原理	掌握
		（4）	热交换设备功能、构造和特点	熟悉
		（5）	污泥浓缩与脱水设备的构造与工作原理	掌握
		（6）	常用计量和投药设备结构及工作原理	掌握
		（7）	分离设备的构造和工作原理	熟悉
6	自动控制基础知识	（1）	自动控制系统概念与构成	了解
		（2）	环节特性、过渡过程与品质指标	了解
		（3）	自动控制系统基本方式	熟悉
		（4）	双位逻辑系统	熟悉
7	给水排水自动化常用仪表与设备	（1）	检测技术	了解
		（2）	典型水质检测仪表	了解
		（3）	水质自动监测系统及在线检测仪表	熟悉
		（4）	可编程控制仪表与执行设备	熟悉
8	水泵及管道系统的控制调节	（1）	水泵-管路双位控制系统	熟悉
		（2）	水泵调速控制	掌握
		（3）	恒压给水系统控制技术	掌握
		（4）	污水泵站组合运行系统	了解
		（5）	给水监控与调度系统	了解
9	水处理系统控制技术	（1）	混凝投药单元控制技术	掌握
		（2）	沉淀池运行控制技术	熟悉
		（3）	滤池控制技术	熟悉
		（4）	氯气自动与控制技术	熟悉
		（5）	污水处理厂参数检测与过程控制	熟悉

2. 主要实践性教学环节

主要实践性教学环节有：专业实验、课程设计、实习、毕业设计（论文）。

（1）专业实验：无机化学实验、水分析化学实验、建筑材料实验、测量学实验、水泵与水泵站实验、水微生物学实验、水力学实验、水质工程学实验等。

（2）课程设计：水泵与水泵站课程设计、给排水管道工程课程设计、建筑给水排水工程课程设计、水质工程学（Ⅰ、Ⅱ）课程设计、给排水工程结构课程设计、水工程施工课程设计、给排水工程概预算课程设计、固体废物处理处置课程设计等。

（3）实习：测量实习、认识实习、生产实习、毕业实习等。

（4）毕业设计（论文）：分为 3、4 个方向，建筑给水排水工程设计、给水工程设计、排水工程设计及水工程施工设计。

高等学校给排水科学与工程专业指导委员会推荐的本专业实践教学体系中的实践环节、实践单元和知识技能点见表 2.8～2.11。

表 2.8　实践教学体系中的实践环节和核心实践单元

序号	实践环节	核心实践单元
1	实验	大学物理实验
		大学化学实验
		水分析化学实验
		水微生物学实验
		水力学实验
		水泵与水泵站实验
		水质工程学实验
2	实习	测量实习
		生产实习
		毕业实习
3	设计（论文）	课程设计
		给水工程、排水工程、建筑给排水工程毕业设计或科研论文

表 2.9　实验环节的核心实践单元和知识技能点

实践单元		知识技能点		
序号	描述（最少学时数）	子序号	描述	要求
1	大学物理实验	（1）	参照物理教学要求	掌握
2	大学化学实验	（1）	参照化学教学要求	掌握
3	水分析化学实验（10）	（1）	碱度测定（酸碱滴定法）	掌握
		（2）	硬度测定（络合滴定法）	掌握
		（3）	COD 测定（氧化还原滴定法）	掌握
		（4）	溶解氧测定（氧化还原滴定法）	掌握
		（5）	铁含量测定（吸收光谱法）	掌握
4	水微生物学实验（16）	（1）	微生物的形态、特殊结构的观察	掌握
		（2）	微生物的染色技术及活性污泥观察	掌握
		（3）	培养基制备、酵母菌计数	掌握
		（4）	活性污泥中的细菌分离、活菌计数	掌握
		（5）	生活饮用水中的细菌总数测定	掌握
		（6）	大肠菌群生理生化试验、生活饮用水中大肠菌群测定	掌握
5	水力学实验（14）	（1）	点压强测量	掌握
		（2）	毕托管测流速原理	熟悉
		（3）	文丘里流量计流量系数校正	了解
		（4）	伯努利方程及测压管水头验证	掌握
		（5）	流态分析及流速分布	掌握
		（6）	阻力系数测定	掌握
		（7）	有压管流的流动分析	熟悉
6	泵与泵站实验（2）	（1）	离心泵性能参数的测定及离心泵的操作方法	掌握
7	水质工程学实验（16）	（1）	混凝实验	掌握
		（2）	颗粒自由沉淀实验	掌握
		（3）	过滤及反冲洗实验	掌握
		（4）	活性炭吸附实验	熟悉
		（5）	树脂总交换容量和工作交换容量的测定实验	熟悉
		（6）	污泥沉降比和污泥指数（SVI）的测定与分析实验	掌握
		（7）	鼓风曝气系统中的充氧实验	熟悉
		（8）	加压溶气气浮的运行与控制实验	掌握

表 2.10　实习环节中的核心实践单元和知识技能点

实践单元		知识技能点		
序号	描述（最少实习周）	子序号	描述	要求
1	测量实习（1）	（1）	仪器使用和校验	熟悉
		（2）	控制网的布设、水平角外业观测、距离测量、四等水准测量、碎部测量	掌握
		（3）	地形图的识读及应用	掌握
		（4）	绘制详细的地形图	掌握
2	生产实习（2）	（1）	水厂实习，包括给水处理基本原理和主要工艺、给水处理构筑物构造情况和主要设备运行情况	熟悉
		（2）	污水处理厂实习，包括污水处理基本原理和主要工艺、污水处理构筑物构造情况和主要设备运行情况	熟悉
		（3）	给水排水工程施工现场实习，包括常见施工方案与方法以及主要施工设备名称	熟悉
		（4）	大型排水泵站实习，包括泵站形式和组成、水泵及辅助系统安装和运行情况	熟悉
3	毕业实习（2）	（1）	水厂实习，包括给水处理主要工艺和运行原理、工艺各个部分的作用、构筑物各细部构造和设计方法、净水厂设备运行规律、各个岗位规章制度和操作要求	掌握
		（2）	污水处理厂实习，包括污水、污泥处理主要工艺和运行原理、常见工艺各个部分的作用、构筑物各细部构造和设计方法、污水处理厂设备运行规律、污水处理厂各个岗位规章制度和操作要求	掌握
		（3）	高层建筑物建筑给水排水工程实习，包括高层建筑物内给水、排水、热水、消防系统的组成、布置和设计方法及相关设备运行原理和运行规律	掌握
		（4）	举行专题讲座，介绍水系统设计、施工、运行管理等方面的实践知识，加深学生对专业知识的理解	熟悉

表 2.11　设计（论文）环节中的核心实践单元和知识技能点

实践单元		知识技能点		
序号	描述（最少设计周）	子序号	描述	要求
1	水泵与水泵站课程设计（1）	（1）	水泵参数的计算	掌握
		（2）	水泵机组的选择即布置	掌握
		（3）	管路及其他附属设施的选择	掌握
		（4）	标高的计算	掌握
		（5）	校核	掌握
		（6）	泵房平面图及剖面图的绘制	掌握
2	建筑给水排水工程课程设计（1）	（1）	制定给水方案、排水体制（合流制）	掌握
		（2）	建筑给水排水系统布置	掌握
		（3）	给水系统设计计算	掌握
		（4）	排水系统设计计算	掌握
		（5）	建筑给水排水平面图和系统图	掌握
		（6）	正确运用相关技术规范完成计算书和说明书	掌握
3	取水工程课程设计（大作业）（0）※	（1）	地表水取水构筑物选择	掌握
		（2）	取水构筑物（含水泵站）设计计算	掌握
		（3）	格栅、格网设计计算	掌握
4	给水管网系统课程设计（1）	（1）	给水量的计算、给水方案的选择	掌握
		（2）	给水管网系统的布置	掌握
		（3）	给水管网的平差计算	掌握
		（4）	绘制给水管网平面图	掌握
		（5）	绘制等水压线图	掌握
		（6）	正确运用相关技术规范完成计算说明书	熟悉
5	排水管网系统课程设计（1）	（1）	排水量的计算、排水体制的选择	掌握
		（2）	排水管道系统的布置	掌握
		（3）	污水管道的水力计算	掌握
		（4）	雨水管道的水力计算	掌握
		（5）	绘制排水管道平面及规定管道纵剖面图	掌握
		（6）	正确运用相关技术规范完成计算说明书	掌握
6	水厂课程设计（1）	（1）	确定设计水量	掌握
		（2）	给水处理工艺选择	掌握
		（3）	主要给水处理构筑物及其辅助设备设计计算	掌握
		（4）	给水处理构筑物平面布置、高程设计	掌握
		（5）	绘制水厂平面图、高程图和一个单体构筑物工艺图	掌握
		（6）	完成说明书和计算书	掌握

续表 2.11

实践单元		知识技能点		
序号	描述（最少设计周）	子序号	描述	要求
7	污水处理厂课程设计（1）	（1）	确定污水处理流量和处理程度	掌握
		（2）	污水和污泥处理流程选择	掌握
		（3）	主要污水处理构筑物工艺计算	掌握
		（4）	污水处理构筑物平面布置、高程设计	掌握
		（5）	绘制污水处理厂平面图、高程图和一个单体构筑物的工艺图	掌握
		（6）	编制设计计算的说明书	掌握
8	毕业设计（12）※※	给水工程设计 （1）	根据设计题目，搜集文献资料，开展调查研究	掌握
		（2）	城市给水工程设计方案论证，通过方案的技术经济比较，确定取水、净水厂、泵站、给水管网设计方案	掌握
		（3）	正确运用工具书和相关技术标准与规范，设计计算和图表绘制；取水构筑物设计计算、净水厂工艺及附属设施设计计算、给水管网平差上机计算、二泵站设计计算、工程估算	掌握
		（4）	绘制工程设计图纸 7 张（按 A1 计）	掌握
		（5）	编写设计说明书和计算书，外文资料的翻译	熟悉
		排水工程设计 （1）	根据设计题目，搜集文献资料，开展调查研究	掌握
		（2）	城市排水工程设计方案的论证，通过经济技术比较，确定城市排水管网、污水处理厂、污水泵站设计方案	掌握
		（3）	正确运用工具书和相关技术标准与规范，设计计算与图表绘制；污水管网和雨水管道水力计算；污水厂工艺及附属设施设计计算；污水泵站设计计算；工程估算	掌握
		（4）	绘制工程设计图纸 7 张（按 A1 计）	掌握
		（5）	编写设计计算书和说明书、外文资料的翻译	熟悉
		建筑给水排水工程设计 （1）	熟悉建筑条件图和资料，根据设计题目搜集并查阅相关的国家及地方现行规范、标准及设计手册、文献资料	掌握
		（2）	合理确定建筑给水系统、排水系统、热水供应系统及消防系统的设计方案；布置各系统的管道和设备；绘制各系统计算草图并进行设计计算	掌握
		（3）	进行增压和贮水设备设计计算和设备选型、设备用房（如泵房、水箱间）设计	掌握
		（4）	绘制工程设计图纸 12 张（按 A1 计）	掌握
		（5）	编写设计计算书和说明书，外文资料的翻译	熟悉

续表 2.11

实践单元		知识技能点		
序号	描述（最少设计周）	子序号	描述	要求
9	毕业论文（12）※※	（1）	选题背景与意义；研究内容及方法；国内外研究现状及发展概况	了解
		（2）	利用有关理论方法和计算工具以及实验手段，初步论述、探讨、揭示某一理论与技术问题，具有综合分析和总结的能力	掌握
		（3）	主要研究结论和展望，有一定的见解	掌握
		（4）	论文的撰写、外文资料的翻译	熟悉

3. 创业教育环节课

目前，每个家庭都把孩子的就业寄托在大学学习的专业上，而学校也迫于压力，将大学生的就业作为很重要的教育环节实施在大学的教学中。本创业教育环节是指在通识教育部分、专业教育部分分别设置有关于创业教育方面的课程，如职业生涯规划与就业指导课程、创业基础课程等，这些课程一般专门开设，也有的依附于专业课中的实践课程。

这些课程别看不起眼，但也必须要修够一定的学分，否则无法正常毕业。

2.2.2 给排水科学与工程专业人才培养方案

给排水科学与工程专业人才培养方案是由上述各个课程组成。

作为刚入学的大学生应该熟悉本专业的人才培养方案，因为只有熟悉了人才培养方案才知道：每一个学期需要学习哪些课程？这些课程的性质都是怎样的？大概学分是多少？有多少学时？在此基础上还可以自主选哪些通识选修课？

所以希望每个同学都要在学校的专业网站或通过其他途径找到本专业的人才培养方案，仔细阅读，做到心中有数。只有了解了专业核心知识领域和人才培养方案的设置情况，才能更好地规划大学 4 年的学习和生活。

2.3　给排水科学与工程专业知识框架的构建

给排水科学与工程专业课程类型整体分为五大类课程，分别为：通识必修课、通识选修课、学科基础课、专业必修课、专业选修课。这些课程如何先修后修，哪些课程会对后面的专业课及专业技能产生深远的影响，在专业课程中专门设置了有关专业课程的结构拓扑图，具体如图2.1所示。

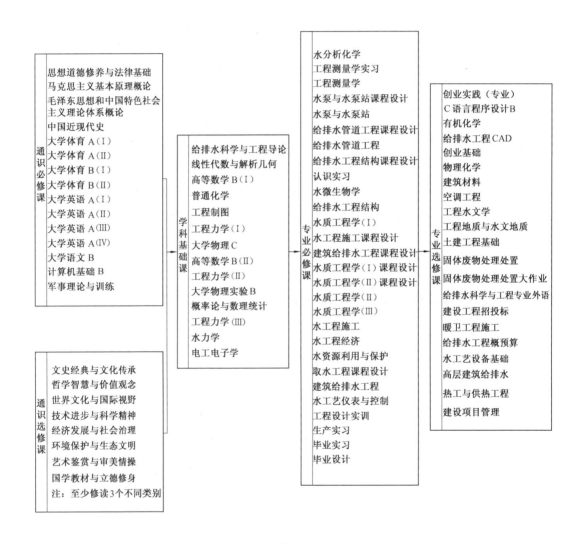

图2.1　给排水科学与工程专业课程结构拓扑图

2.4　给排水科学与工程专业修读指南

给排水科学与工程专业培养掌握水资源利用与保护、水质工程学、建筑给排水工程的基本原理与设计，熟悉给排水工程结构、工艺系统控制、工程施工和运营管理等知识和方法，具有分析解决水环境污染、暖卫安装工程、给排水工程施工等工程问题的能力；具有从事给排水系统的规划、设计、施工、运行管理与维护的能力，并能够在相关领域从事工程规划、设计施工、运行管理、科研和教学等相关工作的应用型高级专门人才。

如何能更好地针对人才培养目标进行规划和学习？在 4 年专业修读的时候，应该怎样去修读？都有哪些要求？以下以前述的人才培养方案为范例，从知识要求和各个课程如何学习方面进行阐述。

2.4.1　通识教育平台课程学习指导

通识教育平台由通识必修课、通识选修课组成。

1. 通识必修课程学习指导

通识必修课是针对学生进行政治素养、理论水平、道德品质、身体素质、基本能力培养而设立的课程，是本科教育的基础，旨在培养学生的综合素质，增强学生服务国家和人民的社会责任感，强化学生的人文素养与科学精神。

通识必修课包括思想政治理论、大学体育、大学外语、计算机基础、大学语文、军事理论与技能训练。一般情况下，高等数学、大学物理、大学化学等也应该算在通识必修课中，但有些学校为了便于课程设置的统计，会将这几门课程设置在学科基础课中，本书中的教学设置案例就是这种情况。

通识必修课及学分的分配由学校根据各专业的培养目标及规格统一设置。

（1）思想政治理论。

思想政治理论课教学目的是对大学生进行系统的马克思主义理论教育，帮助学生掌握中国特色社会主义理论的科学体系和基本观点，指导学生运用马克思主义世界观和方法论去认识和分析问题，帮助大学生树立正确的世界观、人生观和价值观。

思想政治理论课包含：思想道德修养与法律基础、中国近现代史、马克思主义基本原理概论、毛泽东思想和中国特色社会主义理论体系概论、习近平总书记系列重要讲话专题辅导 5 门课程。思想政治理论课共计 15 学分，其中实践 40 学时，由哲学学院或马克思主义学院统筹提供 10 次左右实践课，学生根据相应统一的课程安排自主选修。

修读要求：思想政治理论课的实践教学包括两部分内容：一是教师指导下的学生自主社会实践教学；二是利用学工、团委、学生社团等各种活动，由教师通过深入学生日常生活、指导学生社团活动等方式带领学生开展社会实践，确保实践教学真正落到实处，使思想政治理论课的社会实践覆盖到大多数学生。

思想政治理论课程基本都是必修课，任何一门课程都必须通过，学分必须全部获得，而且还会根据形势要求，有可能额外增加形势课学时，这些额外增加的课程也必须通过和获得学分。

（2）大学体育。

大学体育课程的教学目的以身体练习为主要手段，通过合理的体育教育和科学的体育锻炼过程，达到增强学生体质、增进健康和提高体育素养。本例中，大学体育课程共计 4 学分，144 学时，实践 30 学时，网上学习 6 学时。

修读要求：大学体育课模块中设置若干选项课程，每门选项课程实行分级教学，分为Ⅰ级和Ⅱ级，Ⅰ级至Ⅱ级课程一般要求学生按照由低级到高级的顺序修读完成。学生在一、二年级须从大学体育模块中选择 2 个不同的大学体育选项课程修读，每门大学体育选项课程设置 2 学分，每学期 1 学分，要求学生每学年只能选择一门大学体育选项课程进行修读。

根据以往的学生们获得的经验，很多学生由于不重视体育课程，不重视锻炼身体，在毕业时也有一部分学生，因为大学体育挂科或体能测试无法通过，而不能按期毕业，这是最令人不可思议的一种情况，希望到时候不要在我们任何一位同学身上出现。

（3）大学外语。

大学外语课程的教学目的是以学生的需求为导向，培养学生的外语综合应用能力和专业外语沟通能力，使学生能在学习、工作和社会交往中运用外语获取专业知识和进行有效交际，以适应未来自身职业发展的需要。同时通过课程教学，发展高端思维能力，培养自主学习能力，拓宽国际视野，增强跨文化交际能力，了解专业外语话语实践和提高综合文化素养。大学外语课程采取分级分类的教学模式。

修读要求：大学外语实行分级教学，分为Ⅰ级、Ⅱ级、Ⅲ级、Ⅳ级课程，Ⅰ级至Ⅳ级课程一般要求学生按照由低级到高级的顺序修读完成。

针对修读大学英语的学生需参加入学英语分级测试，根据学生成绩将学生分入不同起点的班级。学生通过 CET-4 级考试的可免修大学英语Ⅰ级、Ⅱ级，通过 CET-6 级考试的可免修大学英语Ⅲ级、Ⅳ级。

CET-4 级是在校本科生必须通过的，不通过且达不到一定成绩，毕业证也难以获得。

CET-6 更是找工作时的一块敲门砖，在面试时，往往问的不是你 CET-4 通没通过，而是问："你英语六级得了多少分？"

在近几年找工作时，就算是一个与外语使用毫无关联的建筑施工单位，最低要求也是通过 CET-4。作为老师的我们，也深感为你们的"CET-4 遭遇"感到不平，没办法，这是谁在难为花了这么多精力和金钱且很认真的样子学了十四五年的外语的你们？更值得思考的是：在同等条件下，为什么有些同学在一二年级就通过了六级？

（4）计算机基础。

计算机基础课程的教学目的是通过学习计算机的基础知识和基本操作，培养学生自觉使用计算机解决学习和工作中实际问题的能力，使计算机成为学生获取知识、提高信息素养的有力工具，从而促进本专业相关学科的学习。计算机基础课程一般为 2 学分，其中分为课堂讲授和网络辅助教学两部分。

修读要求：给排水科学与工程专业的学生一般学习计算机基础 B、计算机高级办公自动化应用软件、现代信息应用技术及专业应用软件等知识，通过国家计算机等级考试 II 级的可免修计算机基础课程。

这些有关计算机基础的很多内容可能你都会，也可以自学学会或在初高中学过，但很多高校仍在开设，而且学时很多，考试的时候有些会直接在计算机上进行机考，但一定要重视，往往有些人因为大意而无法通过。

（5）大学语文。

大学语文课程是最近国家在高等教育比较重视的一门课程，旨在进一步培养学生的人文精神和提高学生人文素养以及汉语综合应用能力。

大学语文课程开设：大学语文 A、大学语文 B、大学语文 C、大学语文 D 四种不同课型。

修读要求：大学语文 A 侧重培养学生的人文精神和审美能力，提高学生的文学修养，课程内容以古今优秀文学篇章赏析为主（包括诗歌、散文和小说的鉴赏），同时开设中国古代文学经典专题及写作专题；大学语文 B 侧重培养学生的文学修养和语言感受及表达能力，在培养学生的人文精神和审美能力的同时提高学生的写作水平和汉语应用能力，课程内容以经典文选赏析为主，同时开设演讲及科技写作专题；大学语文 C 侧重培养学生的文学艺术审美素质，课程内容在大学语文 A 的基础上增设外国文学专题和现代汉语知识专题；大学语文 D 侧重培养学生的文学艺术审美素质，课程内容在大学语文 A 的基础上增设影视文学专题和文学艺术审美鉴赏专题。

给排水科学与工程专业的学生一般学习大学语文 B。学好大学语文，具备较高的文学素养并结合理工科的严密逻辑思维，是我们每个理工人"强悍人生"的表现。

（6）军事理论与技能训练。

军事理论与技能训练课程的教学目的：培养学生增强国防观念和国家安全意识，使学生掌握基本军事理论与军事技能。

军事理论与技能训练课程包括：军事理论与军事技能训练两部分，共计 2 学分。在本案例中，军事理论教学时数为 36 学时，其中课堂教学 18 学时、网络教学 18 学时；军事技能训练时间为 2～3 周，实际训练时间不得少于 14 天。军事理论教学部分根据各学院教学计划在 1～6 学期开设；军事技能训练在第 1 学期第 2～3 周开设。

修读要求：给排水科学与工程专业的学生必须参加并通过军事理论与技能训练课。

2. 通识选修课程学习指导

通识选修课旨在培养学生追求真理、崇尚创新、尊重实践、弘扬理性的科学精神，心智健康、情操高尚、品格崇高的人文素养。

通识选修课由学校统一协调，充分发挥学校学科专业和课程资源的综合性优势，设置文史经典与文化传承、哲学智慧与价值观念、世界文化与国际视野、技术进步与科学精神、经济发展与社会治理、环境保护与生态文明、艺术鉴赏与审美情操、国学教育与立德修身、创新精神与创业能力九大类课程，每门通识选修课一般为 18～24 学时计 1 学分，建议学生文理互选，至少在 3 个不同类别的通识选修课中完成修读。

此外，在通识选修课程中开设的**职业生涯与发展规划**、**就业指导**和**形势与政策**为每名同学必学的通识选修课程。

通识选修课是学生在学校提供的选课平台上自选的，这类课程没有专业要求，也没有年级限制，一般只要是在选课学期有这类课程，学生就可以根据自己的修学计划选定，1～4 年级的任何一个学期都可以选。通识选修课需要在毕业之前修满学校规定的学分。根据以往学生们毕业前的教训而获得的经验，很多人前三个学年根本没重视这一类课程，结果就是生生地晚毕业一年。

2.4.2 专业教育平台课程学习指导

1. 学科基础课程学习指导

学科基础课程旨在培养学生具有科学的思维能力和坚实的工科理论基础，对应的是市政工程学科门类的核心知识领域。给排水科学与工程专业的学科基础课程主要包括：自然科学中的工科数学、大学物理、工程力学、工程制图、大学化学、水化学、工程测量学、水微生物学等。

（1）工科数学。

工科数学包括高等数学、线性代数及解析几何、概率论与数理统计 3 门课程，也是给排水科学与工程专业硕士研究生考试数学中的必考科目。

高等数学在一年级全年开设，即第 1、2 学期两学期甚至第 3 学期都有高等数学、概率论与数理统计等课程，若是你抱着曾听说的"上大学就可以快乐地玩耍"的想法，那就会有一个流传着的"高等数学的噩梦"一直伴随着你的大学四年，可想而知，高等数学一定会因此给你一个大半生都值得回味的"人生体会"。

（2）大学物理。

说完高等数学，一定要着重提一下大学物理，目前国内的某些高校，大学物理开设在第 2 学期，共 4 学分，72 学时；大学物理实验开设在第 3 学期，共 1 学分，36 学时，理论课和实验课分成两个学期开设。

大学物理的学分、学时比本专业的任何一门最重要的核心专业课程都大且多，若挂科，虽然对后续学习本专业不会造成什么太大影响，但对于学生毕业却有非常大的影响。据统计，某些高校在某一年无法正常毕业的很多人是因为大学物理挂科。

大学物理若第 1 学期没有通过，那么后期是很难通过的，所以读到本书本段的时候，你是幸运的，会有所警觉。只要认真学习并通过该门课程，离顺利毕业就不太远啦。

（3）工程力学。

工程力学包括工程力学（Ⅰ）、工程力学（Ⅱ）、工程力学（Ⅲ），是指工程力学中的"理论力学""材料力学""结构力学"，是本专业学习后续课程的基础课程，如给排水工程结构，也是专业基础课中比较难学的课程。

但给排水科学与工程专业的力学要求相对简单，所以也不是传言那么难，只要上课认真听课，记好笔记，考试前认真复习，也是比较容易通过的。

（4）水力学。

水力学是给排水科学与工程专业的基础课，在课程设置中有随课实验，它以水为主要对象研究力学性质、流体运动的规律以及流体与边界的相互作用，培养分析和解决工程实际中水力学问题的能力和实验技能。课程内容主要为后续的课程给水排水管道系统、水质工程学、建筑给水排水工程等后续课程打基础。

该课程虽也归为力学系列，但在专业课程中要比上述力学好学得多，且也能直观具象地表达出来，上课只要按照老师的规定要求，基本就能很容易地通过，且获得高分。

（5）工程制图。

工程制图课程主要考量的是平面立体转换及工程制图的技巧，是识图、读图及工程师语言转换重要的基础训练，也可为以后课程设计的图纸绘制、毕业设计图纸的成果打下重要的基础。认真学会老师讲的例题和完成课后作业，考试比较容易通过。

（6）大学化学及水化学。

普通化学、有机化学、物理化学及水分析化学等是给排水科学与工程专业的重要的基础课程，这些课程内容在近些年的教学改革中，为适应大类招生，以普通化学及水分析化学为主，将有机化学和物理化学分别按照知识使用和分类要求，融合成新的课程名称"大学化学""水化学"。这两门课程中化学类的知识点是以后进行水质分析化验、水化学反应机理研究、水质指标的确定和检验、水工程设计等的重要基础内容和技能要求。

"大学化学"和"水化学"这两门课，有些人觉得比较难，有些人却觉得很容易。那些感觉难的同学大多是因为在高考中没有选择考化学。

其实这种情况也不可怕，在给排水科学与工程专业的本科阶段，化学类课程对知识内容及能力要求并不是很高，其学习内容是为工程和检测、检验服务的，加之任课教师也会将入学前同学们的状况考虑进去，不断地调整上课的内容和深度，相对于数学、力学、物理等课程，只要认真记好老师讲的重点并做好课后作业，考试通过也是很轻松的。

值得一提的是，"水化学"是一些高校给排水科学与工程专业硕士研究生考试中的科目。

（7）工程测量学。

工程测量学包括理论、实验和实习三部分。该课程涉及各类工程建设在勘测设计、施工建设和运营管理阶段所进行的的各种测量知识内容，是学习工科专业学生必须要学习的一门课程。

工程测量学课程相对比较具象、简单，而且还能上手操作，每到测量实习阶段，会停掉所有的理论课程，专门安排1～2周的实习教学。

（8）水微生物学。

很多人不明白为什么给排水科学与工程专业为什么还要学习水微生物学这门课程。其实给排水科学与工程专业其中的一个主要专业方向是"污水处理工程"，在污水处理工程中，污水中有机物和一些其他污染的去除主要是微生物的作用，因此"水微生物学"不但要学，而且在专业基础课程中还显得很重要。

水微生物学的知识内容并不是很难，在相应的知识内容中还不如高中在《生物学》教材的某一知识领域中的难度高，学习其内容的主要目的是：让学生学会在工程领域中（污水处理工程）应用这些微生物特点、生理特性进行污水处理并使污水达标排放的能力。

水微生物学是与后续专业课程"水质工程学（Ⅱ）"密切相关的基础课程，后面的污水处理的很多专业知识都会用到这门课程所学知识和内容。只要认真学习，肯定能够获得好成绩。

值得一提的是，学科基础课中的"水微生物学与水化学"是某些高校本专业硕士研究生考试中二选一的科目。

2. 专业必修课程学习指导

专业必修课旨在培养学生在该专业领域内所应具备的基本理论和基本知识。专业必修课程对应的是该专业所属专业类的核心知识领域。

给排水科学与工程专业的专业必修课包括专业主干课和主要专业课等。

（1）专业主干课。

专业主干课包括水质工程学（Ⅰ）、水质工程学（Ⅱ）、水质工程学（Ⅲ）、建筑给排水工程、水资源利用与保护。这些课程大多数都是在大学三年级及三年级以后开设。

（2）主要专业课。

主要专业课包括水泵与水泵站、给排水工程结构、给排水管道工程、水工程施工、水质工程学实验、水工程经济等。这些课程大多数都是在大学三年级及三年级以后开设。

（3）专业必修课的实验和课程设计。

专业必修课的有些课程包含实验和课程设计，如水泵与水泵站实验、水泵与水泵站课程设计、建筑给水排水工程课程设计、给排水管道工程课程设计、水质工程学（Ⅰ）课程设计、水质工程学（Ⅱ）课程设计、给排水工程结构课程设计、水工程施工课程设计等。

（4）专业实习。

专业必修课还包括一系列的实习，如认识实习、生产实习、毕业实习。这些实习都有严格的要求，按照教学大纲严格考量。

认识实习目的是让学生在学习专业课之前初步了解本专业所涉及的工程内容，一般开设在第 4 学期期末或第 5 学期开学初，也有安排在刚入学军训之后的入学教学时期，时间为 1 周。

生产实习将所学的专业课理论知识与工程实践结合，可为增强专业的感性认识与理性认识，为今后从事给水排水工程的设计、施工、运行与管理等打下必要的基础，一般开设在第 5 学期末或第 6 学期开学初，时间为 2 周。

毕业实习目的是更好地完成毕业设计，针对毕业设计遇到的实际情况，带着问题去实习，一般开设在第 8 学期开学初或第 8 学期开学的第 4~5 周，时间为 2 周。

随着对本科教育的重视，这些实验及课程设计在教学中的作用也越来越重要，设计周数也有所增加，像其他理论课程一样也有 10% 不及格率的考量；而且这些课程没有补考，只有重修，一旦有些课程设计被挂，只有等着和下一届学弟学妹们一起重修，甚至耽误一年毕业。

专业必修课是学习本专业知识、培养专业技能和素质的形成，为终身发展奠定共同的根基。

这类课程也是要求考试必须通过，毕业之前要求将这些课程的学分必须全部获得。

3. 专业选修课程学习指导

专业选修课程并不说是不重要，有些就是因为前面提到的由于学分比例设置要求原因，在必修课程中安排不下而放在选修课程中。专业选修课旨在培养学生在该专业内的某一方向综合分析、解决问题（研究、设计）的能力。

（1）课程设置中增加了环境设备方向的选修课程。

给排水科学与工程专业的选修课程根据专业行业特点，在设置以给排水工程方向为主的课程基础上，为了提高学生的工程能力、应用能力、拓展就业渠道，增加了与之密切相关的环境设备方向的课程。如本专业的很多毕业生就业到建设单位后，往往分配到水电科或水电项目部，这个部门很多的设计内容和工程内容，都涉及自控技术和环境设备有关的知识理论和设计计算。

在专业选修课中，与环境设备方向密切相关的课程有：水工艺设备基础、水工艺仪表与控制、暖卫工程施工、热工与供热工程、空调工程。

二者在培养方案中衔接紧密，是学生学习专业课程的整体系统的一部分，选课不冲突，学生可按规定修读其中的课程。

（2）水工程方向及行业发展密切相关的专业选修课程。

在专业选修课中，给排水工程 CAD（BIM）、土建工程基础、工程水文学、工程地质与水文地质、高层建筑给排水、建设工程招投标与合同管理、建筑材料、建设项目管理等课程在近年来的就业及行业发展的趋势也显得越来越重要。

按照行业发展的趋势，需要专门介绍专业选修课程中的两门课：固体废物处理处置与给排水工程概预算，选择课程时要格外关注这两门课程。

①固体废物处理处置。根据国家住房和城乡建设部相关部门的要求，自 2015 年始，该课程已经明确应设置在给排水科学与工程专业中，但由于必修课程学分比例的限制，本门课程只好设在专业选修课程中，但仍保留了固体废物处理处置课程设计。

②给排水工程概预算。由于近些年经济形势和工程建设发展，该课程变得越来越重要，但也是由于学分比例要求原因，该课程设在了专业选修课程中，同时也设置了该门课程的课程设计。

再一次强调，专业选修课不是不重要，它是专业核心课程的补充，是专业学科知识的拓展、深化，是增加专业知识面和技能及拓宽就业面的重要举措。

为了让学生能够开阔视野，这类课程设置的学分数多于毕业要求的学分数，毕业之前学生只要按照自己的意愿和规划，修够要求的学分数即可。

2.4.3　学科基础及专业核心课程介绍

1. 水分析化学课程介绍

【课程性质】学科基础课。

【课程基础】普通化学、物理化学、有机化学。

【课程简介】学分 2.5 左右，讲授 40 学时左右，实验学时 12 左右。水分析化学是研究水及其杂质、污染物和它们的分析方法的一门学科，是重要专业基础课、必修课，主要培养学生的水质工程分析技能，为其他专业课的学习打下坚实的基础。本课程和水微生物学是大部分高校本专业硕士研究生入学考试二选一科目。

水分析化学课程主要内容包括四大滴定方法（酸碱滴定法、络合滴定发法、沉淀滴定法和氧化还原滴定法）和主要仪器分析方法的基本原理、基本理论、基本知识、基本概念和基本技能，水质分析的基本操作。该课程要求学生掌握水质指标和标准，水样的保存、取样与分析方法，标准溶液和物质的量浓度，分析方法评价、加标回收率试验设计。四大类滴定方法具体掌握内容包括：酸碱质子理论、指示剂和酸碱滴定，碱度的测定及计算；EDTA 金属络合物、金属指示剂、络合滴定的方式与作用，莫尔法原理与滴定条件；氧化还原平衡与电极电位的应用，氧化还原指示剂、高锰酸钾法、重铬酸钾法、碘量法、溴酸钾法、电位分析法、吸收光谱。

2. 水微生物学课程介绍

【课程性质】专业必修课。

【课程基础】大学化学、水化学。

【课程简介】2.5 学分，44 学时左右（含实验）。学习水微生物学，可使学生具备微生物学基础理论知识，认识微生物对环境污染和净化的影响；了解微生物在环境污染防治中的作用，为学好专业课打下必要的基础。本课程和水化学是大部分高校本专业硕士研究生入学考试二选一科目。

本课程主要内容包括水处理中微生物的分类、特点、营养、酶及作用特性，在物质转化中所担负的角色，繁殖过程及控制方法，以及水处理中微生物的作用，水体的污染、自净和指示生物，水中有机物质的转化，废水的好氧生物处理，废水的厌氧生物处理。

3. 建筑给水排水工程课程介绍

【课程性质】专业必修课。

【课程基础】工程制图、水力学、水泵与水泵站、土建基础、给排水管道系统。

【课程简介】2.5 学分，48 学时左右，课程设计 1～2 周。建筑给水排水工程是给排水科学与工程专业的一个重要专业领域，是给排水专业学生未来就业的重要方向，主要内容包括建筑内部给水、排水、消防给水、热水等系统的基本理论、设计原理、方法，以及安装管理方面的基本知识和基本技能。

4. 水质工程学课程介绍

【课程性质】专业必修课。

【课程基础】大学化学、水化学、水微生物学、水力学、工程水文学、给排水管道工程。

【课程简介】8 学分，80～120 学时，课程设计 3～4 周。水质工程学是给排水科学与工程专业的重要专业课程，是给排水专业学生未来就业的重要方向，主要讲授水质工程学中水处理技术与水资源高效利用技术的理论、原理、方法与设计、工艺选择。课程结束后应具备对各类净水厂和污水厂的初步工程设计、施工及管理的能力。

本专业课涵盖专业中的三门课程，分别是"水质工程学（Ⅰ）""水质工程学（Ⅱ）""水质工程学（Ⅲ）"。本门课程是本专业大部分高校硕士研究生复试考试内容，是最重要的核心专业课程。

"水质工程学（Ⅰ）"课程主要培养学生具备解决城市给水处理、工业给水处理等关键技术问题的初步能力，关注的是净水厂和供给水的处理，主要内容为水处理单元操作，包括净水过程中的凝聚絮凝和混凝池、澄清沉淀和沉淀池、过滤滤料和滤池、消毒加氯和清水池等主要的净水工艺组成单体的原理和构筑物，以及净水厂的整体设计和运行管理。

"水质工程学（Ⅱ）"课程主要培养学生解决城市污水处理理论、处理构筑物设计计算与运行管理的能力，主要内容包括沉淀理论和沉淀（砂）池、活性污泥法和曝气池、厌氧生物处理理论和消化池等水处理操作单元（构筑物）的基本原理、计算设计方法，以及污水厂的整体设计和运行管理。

"水质工程学（Ⅲ）"课程是"水质工程学（Ⅱ）"课程的补充和延伸，主要培养学生解决工业企业污废水处理的能力，主要内容包括解决特种废水处理的工艺选择、技术方案、工艺比选实际工程的初步能力。

2.4.4　专业实践教学环节学习指导

1. 专业实验

专业实验是锻炼学生实践动手能力的重要实践教学环节。给排水科学与工程专业实验主要包括**随课实验和独立设课的实践课程**两个部分。

随课实验：伴随着专业理论课同期开设的实践课程，实践内容以验证性为主，考核成绩通常与理论课成绩一并计入期末考试成绩，具体包括：大学化学实验、水泵与水泵站实验、建筑材料实验、工程测量实验、水化学实验、水微生物学实验、水力学实验等。

独立设课的实践课程：实践内容以综合性、创新性实验为主，考核成绩独立计算。水质工程学实验是单独设课的重要专业实验课程，需要 24 学时的 6 个验证和设计实验，旨在培养学生具有科学规范的实验方法和扎实的给排水科学与工程科学领域实验动手能力。

2. 课程设计

给排水科学与工程专业的另外一个比较有特色的专业实践教学环节是课程设计。课程设计是综合性实践教学环节，在比较重要的专业课程结束后，单独设置 1～2 周的时间，由教师给定一个案例让学生运用所学知识，计算及设计相应的工程内容，考核一般以 1～3 张 1 号图纸和 1 份计算说明书为成果，考核成绩独立计算。

课程设计包括水泵与水泵站课程设计、给排水管道工程课程设计、给排水工程结构课程设计、建筑给排水课程设计、水质工程学（Ⅰ、Ⅱ）课程设计、水工程施工课程设计、给排水工程概预算课程设计、固体废物处理处置课程设计等。

3. 专业实习

专业实习是给排水科学与工程专业实践教学的关键环节之一，是培养学生锻炼学生工程能力的重要实践教学环节。这些实习独立设课，成绩独立计算，考核时一般以口试、实习日志、实习报告或笔试等几方面综合给出成绩。专业实习包括测量实习、认识实习、生产实习、毕业实习。

（1）测量实习一般设置在第 3 学期期末，为期 2 周，校内集中实习。目的是通过地形图测绘和建筑物及其他土木工程测设，增强对测定和测设地面点位概念的理解，提高应用地形图的能力，增强学生解决实际工程应用问题的能力。

（2）认识实习一般设置在第 5 学期开学第 1 周或第 4 学期期末，为期 1 周，校外集中实习。目的是为学生在学习专业课之前提供感性认识，初步了解本专业的学习内容、专业范围。认识实习的主要内容是参观自来水厂、污水处理厂（站）、城市污水泵房站、建筑工地等。

（3）生产实习一般设置在第 7 学期的开学初或第 6 学期期末的 1～3 周内，为期 3 周，校外集中实习或校外分散实习。目的是理论联系实际，将课堂所学与工程实际结合起来，加深了解城市污水、特种工业废水、垃圾处理的工艺流程、主要设备设施的控制条件和工艺运行的管理技术。

（4）毕业实习一般设置在第 8 学期开学初或开学的 4～5 周内，为期 2 周，实习方式是集中或分散。根据每个学生的毕业设计情况，有针对性地进行项目现场实习。目的是解决毕业设计中的设计问题、工程问题、设备问题，通过顶岗、参与管理或工程细部结构的图纸与工程对照，学生能够自行选择构筑物的形式及设计图纸的内容，并提高工艺分析的能力，使学生增强对实际工程项目的进一步认识。

4. 专业毕业设计

毕业设计是锻炼学生专业知识综合运用能力的重要实践环节。给排水科学与工程专业的毕业设计基本分为三个大的设计方向：给水工程设计、排水工程设计、建筑给排水工程设计。

毕业设计题目由指导教师根据实际工程或专业需要命题，要求其设计成果是 8～10 张 1 号图纸和 1 份 2 万～3 万字的设计计算说明书。毕业设计质量采取全程监控的管理办法，主要包括开题、中期、答辩三个主要的考核环节。

2.4.5　创业教育环节学习指导

创新创业教育的 8 学分为必修学分，包括通识教育平台 4 学分和专业教育平台 4 学分，体现为课程教学和实践教学各 4 学分的格局。

★通识教育平台——职业生涯规划和就业指导课程 2 学分

根据教学安排，同学们将在第 2 学期和第 6 学期分别学习各专业统一开设的职业生涯规划和就业指导课程，该类课程将为同学们有效开展职业生涯规划和未来就业助力。

★通识教育平台——通识创新创业教育实践 2 学分

该类学分获得途径由学校统一设置，同学们可根据自身学习意愿选择学分获得方式，包括跨专业的学术竞赛活动、非专业类的认证证书、非专业类的调研报告、非专业类的企业实践、社团活动、志愿服务等，具体参见《通识创新创业教育学分获得途径及学分标准》。

★专业教育平台——专业创新创业教育课程 2 学分

根据教学安排，同学们将在规定学期学习各专业统一开设的"创业基础"或"专业创新创业前沿课程"，该类课程将结合专业为同学们有效开展"国家大学生创新创业训练计划"项目、创新创业竞赛、创新创业实践活动提供知识储备和能力训练。

★专业教育平台——专业创新创业教育实践 2 学分

参加大学生创新创业训练项目可获得 2 学分，参加实验室开放基金项目可获得 2 学分，参加学校或院系主办的环保类竞赛可获得 2 学分，参加环境科学系教师的科研项目并提交研究报告可获得 2 学分。

为了鼓励同学们通过高专业水平的竞赛获奖、科研立项、论文著作、专利发明等途径获得学分，专业创新创业实践多余的学分，可抵换通识创新创业实践学分。

2.4.6　专业参考书目与专业文献检索指南

1. 专业学生必读书目

《给水排水管网系统》《工程水文学》《水力学》《特种废水处理工程》《水质工程学》《给水排水工程结构》《高层建筑给水排水工程》等。

2. 专业重点书目介绍

《污染控制微生物学》主要讲述水处理中微生物的细菌、放线菌、蓝藻、真菌、酵母菌、霉菌、病毒等特征，废水的好氧生物处理，废水的厌氧生物处理，微生物的生长特点，物质转化中微生物担负的角色和作用。

《城市污水处理构筑设计计算与运行管理》主要介绍城市污水中污染物的形成、特征、指标以及地面水体的自净规律；污水工艺中的沉砂池、沉淀池、曝气池以及污泥处理工艺中浓缩池、消化池等构筑物的构造及设计计算；污水处理厂的平面、高程及总体设计。

《水分析化学》主要讲述水质指标和标准，水样的取样与分析方法，包括水分析化学的四大滴定方法（酸碱滴定法、络合滴定发法、沉淀滴定法和氧化还原滴定法）和主要仪器分析方法的基本原理、基本理论、基本知识、基本概念和基本技能，水质分析的基本操作。

《给水工程》主要以讲授水处理单元操作为主，主要内容为凝聚絮凝和混凝池、澄清沉淀和沉淀池、过滤滤料和滤池、消毒加氯和清水池等主要的净水工艺组成单体的原理和构筑物，以及净水厂的整体设计和运行管理。

《排水工程》主要阐述污水、污染物质、污染特征与污染指标、自净规律；城市污水处理技术，对包括深度处理与回用在内的城市污水处理系统和各种处理技术单元，从基础理论到处理设备的工作原理、构造特点以及设计计算、污泥处理与处置技术等方面都做了全面、系统和比较深入的阐述。根据工业废水的特征，按物理处理法、化学处理法、物理化学处理法以及生物处理法，分别地做了较全面的阐述。

《建筑给水排水工程》主要内容包括建筑内部给水系统基础知识；建筑内部给水系统设计计算；建筑生活热水供应系统；热供应系统选择与设计计算；建筑饮水供应系统；建筑水消防系统；其他消防灭火系统；建筑内部的排水系统设计及计算；建筑雨水排水系统设计计算；居住小区给水排水及建筑中水工程；专用建筑给排水设计；建筑给水排水设计程序、竣工验收及运行管理。

本 章 习 题

1. 给排水科学与工程专业开设的课程类型有哪些？学分修读要求各是多少？

2. 专业核心课程有哪些（至少列出 10 种）？并写出修读指南中介绍的课程内容。

3. 你怎么理解在给排水科学与工程专业设置暖卫工程施工、热工与供热工程、空调工程这些课程？

4. 给排水科学与工程专业毕业要求的学分是多少？为什么有些同学即使达到修读学分要求也拿不到毕业证？

5. 有些课程若是考试通不过，就必须重修，否则就没法达到毕业要求？写出这些课程的名称。

6. 人才培养方案中总共设置了多少门专业课？写出你大学 4 年期间需要学习的课程名称，并算出这些课程的总学分，看一看你修读完这些课程之后能否拿到毕业证？

7. 大学英语的修读要求是怎样的？你有什么计划？

第3章 数学、力学、化学课程是专业基础

给排水科学与工程专业以水的社会循环为研究内容，用于水供给、废水排放和水质改善的工程，简称给排水工程。作为土木工程的一个分支，学科特征主要表现为：

（1）用数学解决工程计算及力学结构问题。

（2）用物理、化学的原理进行水质的处理和检验。

（3）用水文学和水文地质学的原理解决从水体中取水和排水的有关问题。

（4）用水力学的原理解决水的输送问题。

（5）用微生物学的原理进行水质的处理和检验问题。

此学科特征可以直接和间接体现出：数学、物理、化学、力学、水文学、水文地质学和微生物学成为给排水工程的基础学科。

3.1 数学所学内容是工程计算的基础

给排水科学与工程专业的数学学习内容包括高等数学、线性代数与解析几何、概率论与数理统计三门课程，每门课程都为学科基础课程，本章就每门课程逐一简介如下。

3.1.1 高等数学

高等数学的形成和发展经历了一个长期的过程。最早人们为了丈量土地、测量容积以及计算时间和制造器皿，而开始掌握数学。数学科学和其他学科一样，经历了漫长的发展时期。高等数学的出现，使得许多初等数学束手无策的问题迎刃而解。

高等数学是高等学校理工科专业重要的基础理论课，它的主要研究对象为实变实值函数，尤其是连续的实变实值函数。大学本科教学中的高等数学的主要内容有：一元函数的极限、连续、微分、积分、级数以及多元函数的极限、连续、微分、积分（含微积分、线积分、重积分、面积分），空间解析几何，微分方程等。

学习高等数学主要目的，一是为后续课程提供必需的基础数学知识，为后期的工程力学、水力学、大学物理等专业基础课程及专业课程奠定基础，同时高等数学也为研究生入学考试必考内容；二是传授数学思想，培养学生的创新意识，逐步提高学生的数学素养、数学思维能力和应用数学的能力。

3.1.2　线性代数与解析几何

线性代数与解析几何在数学、物理学和技术学科中有各种重要应用。在计算机广泛应用的今天，计算机图形学、计算机辅助设计、虚拟现实等技术无不以线性代数与解析几何为其理论和算法基础的一部分。

线性代数与解析几何主要处理线性关系问题。线性关系意即数学对象之间的关系是以一次形式来表达的。例如，在解析几何里，平面上直线的方程是二元一次方程；空间平面的方程是三元一次方程，而空间直线视为两个平面相交，由两个三元一次方程所组成的方程组来表示。

学习线性代数与解析几何，同样也为后继课程提供必需的基础数学知识，为后期的水力学、管道工程、专业实验数据分析等奠定基础，同时该课程也为研究生入学考试必考内容。

3.1.3　概率论与数理统计

在自然界和人类的日常生活中，随机现象非常普遍，比如每期福利彩票的中奖号码。概率论是根据大量同类随机现象的统计规律，对随机现象出现某一结果的可能性做出一种客观的科学判断，对这种出现的可能性做出一种客观的科学判断，并做出数量上的描述，比较这些可能性的大小。

数理统计是应用概率的理论研究大量随机现象的规律性，对通过科学安排的一定数量的实验所得到的统计方法给出严格的理论证明，并判定各种方法应用的条件以及方法、公式、结论的可靠程度和局限性，使人们能从一组样本判定是否能以相当大的概率来保证某一判断是正确的，并可以控制发生错误的概率。

概率论与数理统计是数学的一个有特色且又十分活跃的分支，主要培养学生对随机现象规律性的基本概念、基本理论和基本方法的理解，以及运用概率统计方法分析和解决实际问题的能力，是水文学等专业课程的基础，同时也是报考硕士研究生时数学试卷中重要内容之一。

3.2　力学是工程设计的必需

工程力学涉及众多的力学学科分支与广泛的工程技术领域，是一门理论性较强、与工程技术联系极为密切的技术基础学科。在学习高等数学、大学物理的基础上，利用工程力学的定理、定律和结论解决工程技术问题，是解决工程实际问题的重要基础学科。

在专业应用中主要体现在：根据构筑物容纳介质及承受荷载，考虑构筑物材料或设备的选用形式、材料用量及构筑物的规模等。给排水科学与工程专业所学内容有工程力学（Ⅰ）、工程力学（Ⅱ）、工程力学（Ⅲ）（即理论力学、材料力学、结构力学）与水力学，各课程简介如下。

3.2.1　工程力学（Ⅰ）

工程力学（Ⅰ）是给排水科学与工程专业的一门重要的学科基础课程，一般在24～36学时，它是在大学物理的基础上，运用高等数学工具，全面、系统地阐述宏观机械运动的基本概念和基本规律。

工程力学（Ⅰ）是研究物体机械运动一般规律的科学。物体在空间的位置随时间的改变，称为机械运动。机械运动是人们生活和生产实践中最常见的一种运动。平衡是机械运动中的特殊情况。因此，研究机械运动不仅揭示自然界各种机械运动的规律，而且也是研究其他运动形式的基础。这就决定了工程力学（Ⅰ）在自然科学研究中所处的重要地位。

工程力学（Ⅰ）主要教学内容包括静力学、运动学和动力学。

（1）静力学主要研究受力物体平衡时作用力所应满足的条件，同时也研究物体受力的分析方法、力系简化方法等。

（2）运动学只从几何的角度（如轨迹、速度和加速度等）来研究物体的运动，而不研究引起物体运动的物理原因。

（3）动力学研究受力物体的运动与作用力之间的关系，是后续课程"工程力学（Ⅱ）""水力学"等课程的理论学习的基础课程，也是公用设备师基础考试中必考部分。

3.2.2　工程力学（Ⅱ）

工程力学（Ⅱ）是一门工科专业学生最早接触到的与工程实际紧密结合的一门专业课，是一门研究构件强度、刚度和稳定性计算的科学。一般也是36学时左右，有些学校还根据其特点设置一些实验学时。

工程力学（Ⅱ）的基本任务：将工程结构和机械中的简单构件简化为一维杆件，计算杆中的应力、变形并研究杆的稳定性，以保证结构能承受预定的载荷；选择适当的材料、截面形状和尺寸，以便设计出既安全又经济的结构构件和机械零件。

工程力学（Ⅱ）是后续课程"工程力学（Ⅲ）""水力学""给排水工程结构""水工程施工"的理论学习及工程实践的基础课程，也是公用设备师基础考试中必考部分。

3.2.3 工程力学（Ⅲ）

工程力学（Ⅲ）是继工程力学（Ⅰ）、工程力学（Ⅱ）之后与工程结构的计算与设计紧密相结合的专业必修课程之一，总学时数一般为 32～48 学时。

工程力学（Ⅲ）主要介绍以下内容：

（1）结构的概念以及结构的计算简图与简化方法。

（2）平面体系的自由度、约束与计算自由度的概念，平面体系的组成规则与体系几何不变的分析方法。

（3）静定梁、静定刚架、桁架等结构变形特征与内力分析和内力图的绘制方法，静定结构特性。

（4）虚功原理、结构位移计算的一般公式，荷载作用下结构位移计算——图乘法的应用，非荷载因素作用下结构位移计算方法、互等定理。

（5）超静定结构的特征与力法基本原理，荷载作用下力法求解超静定结构的方法与解题步骤，超静定结构的位移计算方法与最后内力图的校核方法，超静定结构的特性。

（6）位移法的概念与等截面直杆的转角位移方程，位移法求解超静定结构的计算方法与解题步骤。

（7）力矩分配法的概念及其应用。

工程力学（Ⅲ）是专业后续课程"给排水工程结构"的重要基础课程。

3.2.4 水力学

水力学是高等学校给排水科学与工程专业的一门专业技术基础课，是研究液体平衡和机械运动规律及其实际应用的一门技术科学，它是力学的一个分支，根据学校专业特色不同，一般设置为 36～56 学时，并设置一定学时的随课实验。

水力学课程内容分为"基础理论""实际应用"和"实验技能"三大模块。

基础理论模块突出主线，由浅入深，采用由"一元流"到"三元流"的分析方法，主要教学内容包括：水力学定义和任务，液体的主要物理性质，水静力学、液体运动的基本原理和基本理论，液体总流的基本原理，液体的层流和紊流运动，液体阻力和水头损失，液体三元流的基本原理。

实际应用模块强调专业针对性，主要教学内容包括：有压管道水流、明渠水流中的均匀流动和非均匀流动、堰流与闸孔出流、水流衔接与消能、渗流等。

实验技能模块贯彻主动性，主要培养学生的实际操作能力，其主要内容包括：静压实验、雷诺实验、流量及流速量测、阻力系数实验等。

作为一门技术基础课，水力学在高等数学、大学物理、工程力学的基础上，贯穿后期所学"给排水管道工程""水泵与水泵站""建筑给排水""水质工程学"等课程体系，主要体现在水的收集、输送、处理等环节，输水管道的管径、水泵的流量与扬程、净水构筑物的尺寸大小，这些不仅涉及供水与排水的安全保证，同时也影响整个工程的造价。

另外，水力学是市政工程和环境工程方向研究生入学考试中可选科目之一，也是公用设备师基础考试中公共基础与专业基础必考科目。

3.3　四门化学课程是水处理理论的基本要求

四门化学课程是指：普通化学、有机化学、物理化学、水分析化学。这四门化学课程是给水排水科学与工程专业必备的专业课程内容，虽然没有全部改成必修课，但是需要每个同学都必须学习。有些学校为适应大类招生的需要，将上述四门课程以普通化学、水分析化学为基础，融入有机化学和物理化学，形成了新的专业课程——大学化学和水化学。

化学课之所以如此重要，是与我们所学内容"水"的性质分不开的，在将这四门化学课程所学内容说清楚之前，我们先了解一下水的性质和相关标准。

3.3.1　水质标准

自然界中的水，通过降水、渗透和蒸发等循环方式而形成多种形式的水源。水在自然循环中都不同程度地有各种各样的杂质混入，使水质发生变化。其杂质的来源基本分为两类：

一是自然因素：如初期降水（包括雨、雪等）在到达地面之前对各种有害物质的溶入；水对地层矿物中某些易溶成分的溶解；水流对地表及河床冲刷所带入的泥沙和腐殖质；水中各类微生物、水生动植物繁殖及其死亡残骸等。

二是人为因素：即生活污水、农业污水及工业废水的污染，此种情况的水中杂质将更为复杂。

1. 水中杂质的尺寸与外观特征

按水中杂质的尺寸，可以分为溶解物、胶体颗粒和悬浮物 3 种。水中杂质的尺寸及外观特征见表 3.1。

表 3.1 水中杂质的尺寸与外观特征

杂质类型与特征	溶解物	胶体颗粒	悬浮物
颗粒大小	0.1~1.0 nm	1.0~100 nm	100~1.0 mm
分辨工具	电子显微镜	超显微镜	显微镜或肉眼
外观特征	透明	光照下浑浊	浑浊或肉眼可见

表 3.1 中的颗粒大小按球形计，各类杂质的尺寸界限是大体的范围。一般说粒径在 100 nm~1 μm 之间属于胶体颗粒和悬浮物的过渡阶段。小颗粒悬浮物也具有一定的胶体特性，当粒径大于 10 μm 时与胶体颗粒有明显差别。

（1）溶解物：主要是呈真溶液状态的离子和分子，如 Ca^{2+}、Mg^{2+}、Cl^- 等离子，HCO_3^-、SO_4^{2-} 等酸根，O_2、CO_2、H_2S、SO_2、NH_3 等溶解气体分子。

（2）胶体颗粒：主要是细小的泥沙、矿物质等无机物和腐殖质等有机物。

（3）悬浮物：主要是泥沙类无机物质和动植物生存过程中产生的物质或死亡后的腐败产物等有机物。

从水的生活饮用和水处理技术的观点看：悬浮物的尺寸较大，易于在水中下沉或上浮。易于下沉的一般是大颗粒泥沙及矿物质废渣等；能够上浮的一般是体积较大而密度小于水的某些有机物。胶体状的物质颗粒尺寸很小。水中胶体颗粒通常包括黏土、藻类、腐殖质及蛋白质等；它们在水中长期静放，既不能上浮水面也不能沉淀澄清。悬浮物和胶体往往造成水的浑浊，而有机物如腐殖质及藻类等还造成水的色、臭、味，对工业使用和人类健康产生主要影响，并给人以厌恶感和不快。

2. 水中杂质的理化与生物性质

从化学结构上可以将水中杂质分为无机杂质、有机杂质、生物（微生物）杂质等几类。

（1）无机杂质：天然水中所含有的无机杂质主要是溶解性的离子、气体及悬浮性的泥沙。溶解离子有 Ca^{2+}、Mg^{2+}、Na^+ 等阳离子和 HCO_3^-、SO_4^{2-}、Cl^- 等阴离子。

（2）有机杂质：天然水中的有机物与水体环境密切相关。一般常见的有机杂质为腐殖质类以及一些蛋白质等。

（3）生物（微生物）杂质：这类杂质包括原生动物、藻类、细菌、病毒等。这类杂质会使水产生异臭异味，增加水的色度、浊度，导致各种疾病等。

3. 水中杂质的来源及污染性质

按来源水中杂质可以分为天然和污染性两种。天然水体中的污染物的种类和数量在不断增加，其中数量最多的是人工合成的有机物。目前，全世界已在水中检测出 2 000 多种有机化合物。

4. 饮用水的水质指标及标准

（1）对应《生活饮用水卫生标准》（GB 5749—2006）规定，生活饮用水水质应符合下列基本要求：

①生活饮用水中不得含有病原微生物。

②生活饮用水中化学物质不得危害人体健康。

③生活饮用水中放射性物质不得危害人体健康。

④生活饮用水的感官性状良好。

⑤生活饮用水应经消毒处理。

（2）生活饮用水水质常规指标及限值应符合表 3.2 要求。

表 3.2　水质常规指标及限值

指　标	限　值
1. 微生物指标 [a]	
总大肠菌群（MPN/100 mL 或 CFU/100 m L）	不得检出
耐热大肠菌群（MPN/100 mL 或 CFU/100 mL）	不得检出
大肠埃希氏菌（MPN/100 mL 或 CFU/100 mL）	不得检出
菌落总数（CFU/mL）	100
2. 毒理指标	
砷/（mg·L^{-1}）	0.01
镉/（mg·L^{-1}）	0.005
铬（六价)/（mg·L^{-1}）	0.05
铅/（mg·L^{-1}）	0.01
汞/（mg·L^{-1}）	0.001
硒/（mg·L^{-1}）	0.01
氰化物/（mg·L^{-1}）	0.05
氟化物/（mg·L^{-1}）	1.0
硝酸盐（以 N 计）/（mg·L^{-1}）	10 地下水源限制时为 20
三氯甲烷/（mg·L^{-1}）	0.06
四氯化碳/（mg·L^{-1}）	0.002
溴酸盐（使用臭氧时）/（mg·L^{-1}）	0.01
甲醛（使用臭氧时）/（mg·L^{-1}）	0.9
亚氯酸盐（使用二氧化氯消毒时）/（mg·L^{-1}）	0.7
氯酸盐（使用复合二氧化氯消毒时）/（mg·L^{-1}）	0.7

续表 3.2

指　标	限　值
3. 感官性状和一般化学指标	
色度（铂钴色度单位）	15
浑浊度（散射浑浊度单位）/NTU	1 水源与净水技术条件限制时为 3
臭和味	无异臭、异味
肉眼可见物	无
pH	不小于 6.5 且不大于 8.5
铝/（mg·L^{-1}）	0.2
铁/（mg·L^{-1}）	0.3
锰/（mg·L^{-1}）	0.1
铜/（mg·L^{-1}）	1.0
锌/（mg·L^{-1}）	1.0
氯化物/（mg·L^{-1}）	250
硫酸盐/（mg·L^{-1}）	250
溶解性总固体/（mg·L^{-1}）	1 000
总硬度（以 $CaCO_3$ 计）/（mg·L^{-1}）	450
耗氧量（COD_{Mn} 法，以 O_2 计）/（mg·L^{-1}）	3 水源限制，原水耗氧量＞6 mg/L 时为 5
挥发酚类（以苯酚计）/（mg·L^{-1}）	0.002
阴离子合成洗涤剂/（mg·L^{-1}）	0.3
4. 放射性批标 [b]	指导值
总α放射性/（B$_q$·L^{-1}）	0.5
总β放射性/（B$_q$·L^{-1}）	1

注：a. MPN 表示最可能数；CFU 表示菌落形成单位。当水样检出总大肠菌群时，应进一步检验大肠埃希氏菌或耐热大肠菌群；水样未检出总大肠菌群，不必检验大肠埃希氏菌或耐热大肠菌群

　　b. 放射性指标超过指导值，应进行核素分析和评价，判断能否饮用

（3）集中式供水出厂水中消毒剂限值、出厂水和管网末梢水中消毒剂余量均应符合饮用水中消毒剂常规指标表 3.3 要求。

（4）水质非常规指标及限值应符合表 3.4 要求。

（5）农村小型集中式供水和分散式供水的水质因条件限制，部分指标可暂按照表 3.5 执行，其余指标仍按表 3.2、表 3.3 和表 3.4 执行。

当发生影响水质的突发性公共事件时，经市级以上人民政府批准，感官性状和一般化学指标可适当放宽。

表 3.3　饮用水中消毒剂常规指标及要求

消毒剂名称	与水接触时间/min	出厂水中限值/（mg·L^{-1}）	出厂水中余量/（mg·L^{-1}）	管网末梢水中质量浓度/（mg·L^{-1}）
氯气及游离氯制剂（游离氯）	≥30	4	≥0.3	≥0.05
一氯胺（总氯）	≥120	3	≥0.5	≥0.05
臭氧（O$_3$）	≥12	0.3	—	0.02 如加氯，总氯≥0.05
二氧化氯（ClO$_2$）	≥30	0.8	≥0.1	≥0.02

表 3.4　水质非常规指标及限值

指　　标	限　　值
1. 微生物指标	
贾第鞭毛虫（个/10 L）	< 1
隐孢子虫（个/10 L）	< 1
2. 毒理指标	
锑/（mg·L^{-1}）	0.005
钡/（mg·L^{-1}）	0.7
铍/（mg·L^{-1}）	0.002
硼/（mg·L^{-1}）	0.5
钼/（mg·L^{-1}）	0.07
镍/（mg·L^{-1}）	0.02
银/（mg·L^{-1}）	0.05
铊/（mg·L^{-1}）	0.000 1
氯化氰（以 CN$^-$计）/（mg·L^{-1}）	0.07
一氯二溴甲烷/（mg·L^{-1}）	0.1
二氯一溴甲烷/（mg·L^{-1}）	0.06
二氯乙酸/（mg·L^{-1}）	0.05
1, 2-二氯乙酸/（mg·L^{-1}）	0.03
二氯甲烷/（mg·L^{-1}）	0.02
三卤甲烷（三氯甲烷、一氯二溴甲烷、二氯一溴甲烷、三溴甲烷的总和）	该类化合物中各种化合物的实测浓度与其各自限值的比值均不超过 1
1, 1, 1-三氯乙烷/（mg·L^{-1}）	2
三氯乙酸/（mg·L^{-1}）	0.1
三氯乙醛/（mg·L^{-1}）	0.01
2, 4, 6-三氯酚/（mg·L^{-1}）	0.2

续表 3.4

指　标	限　值
三溴甲烷/（mg·L^{-1}）	0.1
七氯/（mg·L^{-1}）	0.000 4
马拉硫磷/（mg·L^{-1}）	0.25
五氯酚/（mg·L^{-1}）	0.009
六六六（总量）/（mg·L^{-1}）	0.005
六氯苯/（mg·L^{-1}）	0.001
乐果/（mg·L^{-1}）	0.08
对硫磷/（mg·L^{-1}）	0.003
灭草松/（mg·L^{-1}）	0.3
甲基对硫磷/（mg·L^{-1}）	0.02
百菌清/（mg·L^{-1}）	0.01
呋喃丹/（mg·L^{-1}）	0.007
林丹/（mg·L^{-1}）	0.002
毒死蝉/（mg·L^{-1}）	0.03
草甘膦/（mg·L^{-1}）	0.7
敌敌畏/（mg·L^{-1}）	0.001
莠去津/（mg·L^{-1}）	0.002
溴氰菊酯/（mg·L^{-1}）	0.02
2,4-滴/（mg·L^{-1}）	0.03
滴滴涕/（mg·L^{-1}）	0.001
乙苯/（mg·L^{-1}）	0.3
二甲苯（总量）/（mg·L^{-1}）	0.5
1,1-二氯乙烯/（mg·L^{-1}）	0.03
1,2-二氯乙烯/（mg·L^{-1}）	0.05
1,2-二氯苯/（mg·L^{-1}）	1
1,4-二氯苯/（mg·L^{-1}）	0.3
三氯乙烯/（mg·L^{-1}）	0.07
三氯苯（总量）/（mg·L^{-1}）	0.02
六氯丁二烯/（mg·L^{-1}）	0.000 6
丙烯酰胺/（mg·L^{-1}）	0.000 5
四氯乙烯/（mg·L^{-1}）	0.04
甲苯/（mg·L^{-1}）	0.7
邻苯二甲酸二（2-乙基己基）酯/（mg·L^{-1}）	0.008
环氧氯丙烷/（mg·L^{-1}）	0.000 4

续表 3.4

指　　标	限　　值
苯/（mg·L^{-1}）	0.01
苯乙烯/（mg·L^{-1}）	0.02
苯并（a）芘/（mg·L^{-1}）	0.000 01
氯乙烯/（mg·L^{-1}）	0.005
氯苯/（mg·L^{-1}）	0.3
微囊藻毒素–LR/（mg·L^{-1}）	0.001
3. 感官性状和一般化学指标	
氨氮（以 N 计）/（mg·L^{-1}）	0.5
硫化物/（mg·L^{-1}）	0.02
钠/（mg·L^{-1}）	200

表 3.5　小型集中式供水和分散式供水部分水质指标及限值

指　　标	限　　值
1. 微生物指标	
菌落总数/（CFU·mL^{-1}）	500
2. 毒理指标	
砷/（mg·L^{-1}）	0.05
氟化物/（mg·L^{-1}）	1.2
硝酸盐（以 N 计）/（mg·L^{-1}）	20
3. 感官性状和一般化学指标	
色度（铂钴色度单位）	20
浑浊度（散射浑浊度单位）/NTU	3 水源与净水技术条件限制时为 5
pH	不小于 6.5 且不大于 9.5
溶解性总固体/（mg·L^{-1}）	1 500
总硬度（以 CaCO$_3$ 计）/（mg·L^{-1}）	550
耗氧量（COD$_{Mn}$）/（mg·L^{-1}）	5
铁/（mg·L^{-1}）	0.5
锰/（mg·L^{-1}）	0.3
氯化物/（mg·L^{-1}）	300
硫酸盐/（mg·L^{-1}）	300

（6）《生活饮用水卫生标准》（GB 5749—2006）具有以下特点：

一是加强了对水质有机物、微生物和水质消毒等方面的要求。新标准中的饮用水水质指标由原标准的 35 项（GB 5749—85）增至 106 项，增加了 71 项。其中，微生物指标由 2 项增至 6 项；饮用水消毒剂指标由 1 项增至 4 项；毒理指标中无机化合物由 10 项增至 21 项；毒理指标中有机化合物由 5 项增至 53 项；感官性状和一般理化指标由 15 项增至 20 项；放射性指标仍为 2 项。

二是统一了城镇和农村饮用水卫生标准。

三是实现饮用水标准与国际接轨。新标准水质项目和指标值的选择，充分考虑了我国实际情况，并参考了世界卫生组织的《饮用水水质准则》，以及欧盟、美国、俄罗斯和日本等国饮用水标准。

5. 污水的水质指标及排放标准

同样，为贯彻《中华人民共和国环境保护法》《中华人民共和国水污染防治法》和《中华人民共和国海洋环境保护法》，控制水污染，保护江河、湖泊、运河、渠道、水库和海洋等地面水以及地下水水质的良好状态，保障人体健康，维护生态平衡，促进国民经济和城乡建设的发展，特制定相应的污水排放标准。为了保护环境不受污染的危害，排放的废水必须符合国家颁布的《污水综合排放标准》（GB 8978—1996）。

在《污水综合排放标准》（GB 8978—1996）中，就其污染物的危害性质而言可分为两大类。

（1）第一类污染物能在环境或动植物体内积蓄，对人类的健康产生长远的不良影响。含此类污染物的废水一律在车间或车间处理设施排放口处取样分析，并要求其含量（质量浓度）必须符合表 3.6 的规定。

表 3.6　第一类污染物最高允许排放最高含量①

序号	污染物	最高允许排放含量/（mg·L^{-1}）
1	总汞	0.05
2	烷基汞	不得检出
3	总镉	0.1
4	总铬	1.5
5	六价铬	0.5
6	总砷	0.5
7	总铅	1.0
8	总镍	1.0
9	苯并（α）芘	0.000 03
10	总铍	0.005
11	总银	0.5

注：①表中数据指质量浓度。

（2）第二类污染物，影响小于第一类污染物，规定的取样地点为排污单位的排放口，其最高允许排放质量浓度要按地面水使用功能的要求和污水排放去向，分别执行表 3.7 中的一、二、三级标准、城镇污水排放标准见表 3.8。

表 3.7　第二类污染物最高允许排放最高质量浓度

mg/L

序号	污染物	适用范围	一级标准	二级标准	三级标准
1	pH	一切排污单位	6～9	6～9	6～9
2	色度（稀释倍数）	一切排污单位	50	80	—
		采矿、选矿、选煤工业	70	300	—
		脉金选矿	70	400	—
3	悬浮物（SS）	边远地区沙金选矿	70	800	—
		城镇二级污水处理厂	20	30	—
		其他排污单位	70	150	400
		甘蔗制糖、苎麻脱胶、湿法纤维板、染料、洗毛工业	20	60	600
4	五日生化需氧量（BOD）	甜菜制糖、酒精、味精、皮革、化纤浆粕工业	20	100	600
		城镇二级污水处理厂	20	30	—
		其他排污单位	20	30	300
		甜菜制糖、合成脂肪酸、湿法纤维板、染料、洗毛、有机磷农药工业	100	200	1 000
5	化学需氧量（COD）	味精、酒精、医药原料药、生物制药、苎麻脱胶、皮革、化纤浆粕工业	100	300	1 000
		石油化工工业（包括石油炼制）	60	120	—
		城镇二级污水处理厂	60	120	500
		其他排污单位	100	150	500
6	石油类	一切排污单位	5	10	20
7	动植物油	一切排污单位	10	15	100
8	挥发酚	一切排污单位	0.5	0.5	2.0
9	总氰化合物	一切排污单位	0.5	0.5	1.0
10	硫化物	一切排污单位	1.0	1.0	1.0

续表 3.7

mg/L

序号	污染物	适用范围	一级标准	二级标准	三级标准
11	氨氮	医药原料药、染料、石油化工工业	15	50	—
		其他排污单位	15	25	—
12	氟化物	黄磷工业	10	15	20
		低氟地区（水体含氟量 <0.5 mg/L）	10	20	30
		其他排污单位	10	10	20
13	磷酸盐（以 P 计）	一切排污单位	0.5	1.0	—
14	甲醛	一切排污单位	1.0	2.0	5.0
15	苯胺类	一切排污单位	1.0	2.0	5.0
16	硝基苯类	一切排污单位	2.0	3.0	5.0
17	阴离子表面活性剂（LAS）	一切排污单位	5.0	10	20
18	总铜	一切排污单位	0.5	1.0	2.0
19	总锌	一切排污单位	2.0	5.0	5.0
20	总锰	合成脂肪酸工业	2.0	5.0	5.0
		其他排污单位	2.0	2.0	5.0
21	彩色显影剂	电影洗片	1.0	2.0	3.0
22	显影剂及氧化物总量	电影洗片	3.0	3.0	6.0
23	元素磷	一切排污单位	0.1	0.1	0.3
24	有机磷农药（以 P 计）	一切排污单位	不得检出	0.5	0.5
25	乐果	一切排污单位	不得检出	1.0	2.0
26	对硫磷	一切排污单位	不得检出	1.0	2.0
		其他排污单位	20	30	300
27	甲基对硫磷	一切排污单位	不得检出	1.0	2.0
28	马拉硫磷	一切排污单位	不得检出	5.0	10
29	五氯酚及五氯酚钠（以五氯酚计）	一切排污单位	5.0	8.0	10
30	可吸附有机卤化物（AOX）（以 Cl 计）	一切排污单位	1.0	5.0	8.0
31	三氯甲烷	一切排污单位	0.3	0.6	1.0
32	四氯化碳	一切排污单位	0.03	0.06	0.5

续表 3.7

mg/L

序号	污染物	适用范围	一级标准	二级标准	三级标准
33	三氯乙烯	一切排污单位	0.3	0.6	1.0
34	四氯乙烯	一切排污单位	0.1	0.2	0.5
35	苯	一切排污单位	0.1	0.2	0.5
36	甲苯	一切排污单位	0.1	0.2	0.5
37	乙苯	一切排污单位	0.4	0.6	1.0
38	邻-二甲苯	一切排污单位	0.4	0.6	1.0
39	对-二甲苯	一切排污单位	0.4	0.6	1.0
40	间-二甲苯	一切排污单位	0.4	0.6	1.0
41	氯苯	一切排污单位	0.2	0.4	1.0
42	邻-二氯苯	一切排污单位	0.4	0.6	1.0
43	对-二氯苯	一切排污单位	0.4	0.6	1.0
44	对-硝基氯苯	一切排污单位	0.5	1.0	5.0
45	2,4-二硝基氯苯	一切排污单位	0.5	1.0	5.0
46	苯酚	一切排污单位	0.3	0.4	1.0
47	间-甲酚	一切排污单位	0.1	0.2	0.5
48	2,4-二氯酚	一切排污单位	0.6	0.8	1.0
49	2,4,6-三氯酚	一切排污单位	0.6	0.8	1.0
50	邻苯二甲酸二丁酯	一切排污单位	0.2	0.4	2.0
51	邻苯二甲酸二辛酯	一切排污单位	0.3	0.6	2.0
52	丙烯腈	一切排污单位	2.0	5.0	5.0
53	总硒	一切排污单位	0.1	0.2	0.5
54	粪大肠菌群数	医院*、兽医院及医疗机构含病原体污水	500 个/L	1 000 个/L	5 000 个/L
		传染病、结核病医院污水	100 个/L	500 个/L	1 000 个/L
55	总余氯（采用氯化消毒的医院污水）	医院*、兽医院及医疗机构含病原体污水	<0.5**	>3（接触时间≥1 h）	>2（接触时间≥1 h）
		传染病、结核病医院污水	<0.5**	>6.5（接触时间≥1.5 h）	>5（接触时间≥1.5 h）
56	总有机碳（TOC）	合成脂肪酸工业	20	40	—
		苎麻脱胶工业	20	60	—
		其他排污单位	20	30	—

表 3.8　基本控制项目最高允许排放质量浓度（日均值）

mg/L

序号	基本控制项目		一级标准		二级标准	三级标准
			A 标准	B 标准		
1	化学需氧量（COD）		50	60	100	120
2	生化需氧量（BOD_5）		10	20	30	60
3	悬浮物（SS）		10	20	30	50
4	动植物油		1	3	5	20
5	石油类		1	3	5	15
6	阴离子表面活性剂		0.5	1	2	5
7	总氮（以 N 计）		15	20	—	—
8	氨氮（以 N 计）		5(8)	8(15)	25(30)	—
9	总磷（以 P 计）	2005 年 12 月 31 日前建设的	1	1.5	3	5
		2006 年 1 月 1 日起建设的	0.5	1	3	5
10	色度（稀释倍数）		30	30	40	50
11	pH		6～9			
12	粪大肠菌群数/（个·L^{-1}）		10	10	10	—

要满足水的可持续利用，必然在水的社会循环中加强水质控制，既要满足用户的水质要求，又要控制水的排放避免污染环境，而在水质控制中通常采用物理、化学及生物化学的方法。

3.2.2　化学课程组成

给排水专业在学习专业课程之前，要先学习专业基础课程，而专业基础课程中包括普通化学、物理化学、有机化学及水分析化学四门基础课程（在此处以四门化学课叙述，更能清晰表述其各自的特点）。

1. 普通化学

普通化学是化学的基础入门课，包括理论教学及实验教学两部分，一般设置为 52 学时左右，其中包含 12 学时左右的实验。通过本课程的学习，使学生能够在中学化学学习的基础上，对有关的无机化合物的性质、组成和结构有更明确的认识，系统地掌握无机化学基础理论、基本知识、重要化合物的性质、实验技能和独立工作的能力，为后续其他课程的学习及工作奠定必要的基础。

2. 有机化学

有机化学也是专业基础课，是在普通化学的基础上继续开设的课程，一般设置为32～36学时。本课程以培养学生掌握应用于给排水科学与工程领域的有机化学的基本理论、基本手段以及基本应用为主要目标，既注重基本理论、基础知识的介绍，又密切结合给排水科学与工程领域的应用情况。通过本课程的学习，掌握有机化学的基本知识、基本理论和实际应用方法，培养学生的创新意识，为将来给排水科学与工程实践打下扎实的基础。

3. 物理化学

物理化学是在大学物理、普通化学、有机化学、高等数学的基础上开设的专业基础课程，一般设置为36～48学时，其中含约8学时的实验。运用物理和数学的有关理论和方法进一步研究物质化学变化运动形式的普遍规律。主要内容包括：

①化学热力学基础：热力学的基本概念，热力学第一定律，热化学，热力学第二定律，吉布斯函数和亥姆霍兹函数，偏摩尔量、化学势。化学平衡和相平衡：化学反应等温式和化学反应的方向性，温度对平衡常数的影响，纯物质的两相平衡，相率和相图，拉乌尔定律和亨利定律。

②电化学：电解质溶液的导电机理及法拉第定律，电导、电导率、摩尔电导率、电导测定及应用，可逆电池反应的电势，不可逆电极过程，电解过程在水处理中的应用。

③表面现象：比表面、表面吉布斯函数和表面张力，表面热力学，湿润现象和浮选，气体在固体表面上的吸附，溶液表面的吸附，活性炭吸附剂在水处理中的应用。

④胶体化学：分散系及其分类，胶体溶液的制备与纯化，胶体的特性，憎液溶胶胶团结构，憎液溶胶的聚沉，乳状液和泡沫，凝胶剂、乳化剂在水处理中的应用。

⑤化学动力学基础：化学动力学研究对象与内容，反应速率表示法及测定，反应速率与浓度的关系，反应速率与温度的关系，催化作用及特征，酶催化以及酶催化反应在污水处理中的应用。

通过学习本门课程，学生应牢固掌握物理化学基本概念及计算方法，并初步了解这些理论知识和技能在给排水科学与工程领域中的应用，以增强他们在实践与科学研究中分析问题与解决问题的能力。

4. 水分析化学

水分析化学是研究水及其杂质、污染物的组成、性质、含量和分析方法的一门学科。水分析化学是给排水科学与工程专业的重要专业基础课，一般设置为32～48学时，其中含约实验 12 学时，主要包括水分析化学的四大滴定方法（酸碱滴定法、络合滴定发法、沉淀滴定法和氧化还原滴定法）和主要仪器分析方法的基本原理、基本理论、基本知识、基本概念和基本技能，水质分析的基本操作。

　　水分析化学主要培养学生的水质工程分析技能，为其他专业课的学习打下坚实的基础。同时该门课程也是研究生入学考试备选专业课程之一。

本 章 习 题

1. 给排水科学与工程专业的数学学习内容包括哪些？

2. 大学本科教学中的高等数学的主要学习的内容有哪些？

3. 学习高等数学主要目的和作用是什么？

4. 工程力学 I 和工程力学 II 研究的主要内容是什么？

5. 水力学在专业课体系中的主要作用是什么？

6. 四门化学课是指哪些课程？融合后两门课程的名称是什么？

第4章 水微生物学课程内容

4.1 为什么要学习水微生物学

给排水科学与工程专业是跟水的输送和处理有关的学科，主要与工程、力学和化学有关，那么怎么又要学习水微生物学？

我们在第 1 章中介绍过，给排水科学与工程专业学习和研究的方向有：给水工程方向、建筑给排水工程方向、排水工程方向以及其他方向。在这几个方向中，给水工程方向略涉及微生物学部分，主要是从水的卫生细菌学上进行研究，以使在供水过程中尽量去除这些微生物；而更为密切相关的是排水方向，其污水处理与净化程度主要取决于工程中微生物能效作用的发挥。

4.1.1 微生物处理是长期工程实践的选择

从 18 世纪有了规模性的工业水污染以来，人们花了比较长的时间研究如何更经济合理地净化受污染的水体，也即是研究进入水体中的主要污染物质——有机物的去除，最后发现，采用微生物处理方式最为经济合理。经过多年的实践和总结，最终形成了专门针对水处理微生物应用的学科——水微生物学或水处理生物学。

那么这些微生物是如何污水处理工艺中进行作用的呢？下面就了解一下微生物是如何净化水体中的污染物的，以及污水处理厂是如何利用微生物的。

4.1.2 污水处理的常规工艺

现在大多数人都已经知道污水是在污水处理厂中处理的，但很多人没有去过污水处理厂，也不知道污水处理厂的具体工艺是什么。图 4.1 为污水处理厂实景图，图 4.2 为城镇污水处理厂的常规二级工艺流程图。

由图 4.2 可以看出，污水处理是由过滤（格栅）、沉淀（初次沉池、二次沉池）、生物处理（曝气池）等各个构筑物衔接组成的一个完整流程。什么是构筑物呢？我们把这些实施过滤、沉淀、生物处理等，只有功能要求没有建筑居住和人员使用要求的建筑结构，称为构筑物。

过滤（格栅）、沉淀（初次沉池、二次沉池）是物理处理方法，主要是利用粒径不同和质量（密度）不同而去除水中污染物的手段。这一部分内容我们在中学时的物理及力学课程中已经学过了。

曝气池是这个工艺流程中最重要的一环，是实施微生物处理污水的最重要部分。

图 4.1　污水处理厂实景图

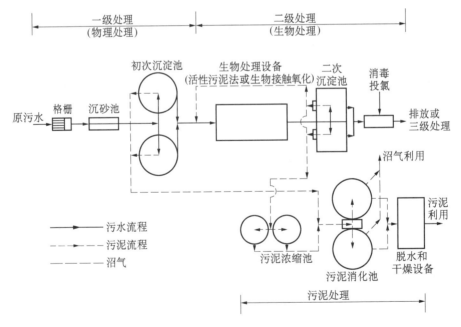

图 4.2　污水处理厂的常规二级工艺流程图

4.1.3　曝气池与活性污泥

曝气池即为前面所说的微生物处理主要场所，也就是专业中常说的活性污泥实施污水生物净化的构筑物。那么什么是曝气池？活性污泥又是什么？

1. 曝气池

专业中对曝气池的定义是：利用活性污泥法进行污水处理的构筑物，即在充满活性污泥（微生物）的泥水池中充入足够量的空气，利用活性污泥中微生物的新陈代谢作用去除水中有机物中的构筑物（图 4.3）。通过此工艺污水中绝大部分的有机物得到去除。

曝气池主要由池体、曝气系统和进出水系统等部分组成。池体一般用钢筋混凝土筑成，平面形状一般为长方形。图 4.4 为曝气池底部的曝气设施——曝气头。

图 4.3　污水处理厂运行的曝气池

图 4.4　曝气池底部的曝气头

2. 活性污泥

在曝气池内部实施污水处理的微生物我们称为活性污泥——活性污泥就是废水进入到生物反应池（曝气池）后，在曝气的条件下，产生大量黄色的具有生物降解作用的絮状体。这种絮状体主要是由产荚膜细菌分泌黏液并相互粘连形成菌胶团，菌胶团又粘连在一起所形成的大的絮体，其中含有大量的细菌、真菌及原后生动物。图 4.5 为曝气池中的活性污泥。

活性污泥中包含着很多细菌、真菌、原生动物和后生动物。活性污泥微生物中的细菌以异养型的原核细菌为主，在正常成熟的活性污泥上的细菌数量大致介于 $10^7 \sim 10^8$ 个之间。细菌的形态多为球状、杆状和螺旋状（弧状），具体如图 4.6 所示。

（a）沉淀后的活性污泥　　　（b）沉淀之前的活性污泥

图 4.5　曝气池中的活性污泥

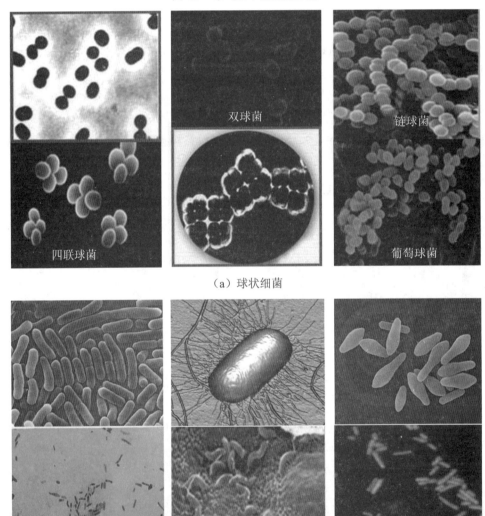

（a）球状细菌

（b）杆状细菌

图 4.6　活性污泥中细菌的形态

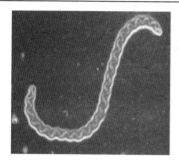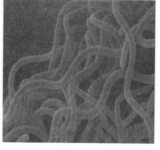

（c）螺旋状（弧状）细菌

续图 4.6

　　活性污泥中的真菌是具有单细胞（包括无隔多核细胞）或多细胞的、不能进行光合作用、靠寄生或腐生方式生活的真核微生物。真菌在污水处理中起到重要的作用，能分解很多复杂有机化合物。活性污泥中真菌的形态如图 4.7 所示。

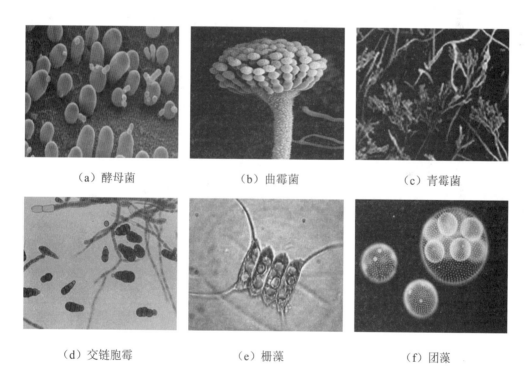

（a）酵母菌　　　　　　　　（b）曲霉菌　　　　　　　　（c）青霉菌

（d）交链胞霉　　　　　　　（e）栅藻　　　　　　　　　（f）团藻

图 4.7　活性污泥中真菌的形态

　　活性污泥中原后生动物在污水处理中的作用是不可或缺的，它是一些肉眼很难分辨的微型动物，通常借助显微镜来观察。这些原后生微型动物中的一些物种，在进行新陈代谢过程中分泌出多糖及黏蛋白，可促进絮凝体的形成，也能直接分解代谢一些可溶性的有机化合物。

　　活性污泥中的这些原后生微型动物可作为污水处理厂运行效果的指示性生物，如钟虫和轮虫等在水处理工艺构筑物大量出现时，可判明水处理工艺运行效果或污泥膨胀等；它们更可以大量吞食污水中游离的细菌、微小有机颗粒和碎片，如纤毛虫对游离细菌的吞噬能力十分惊人，1个奇观独缩虫1 h内能吞食3万个细菌；原后生微型动物甚至可以去除病原菌，且去除作用很大，如当正常数量的原后生微型动物存在于活性污泥中时，大肠杆菌去除率可由55%提高到85%。活性污泥中原后生微型动物的形态如图4.8所示。

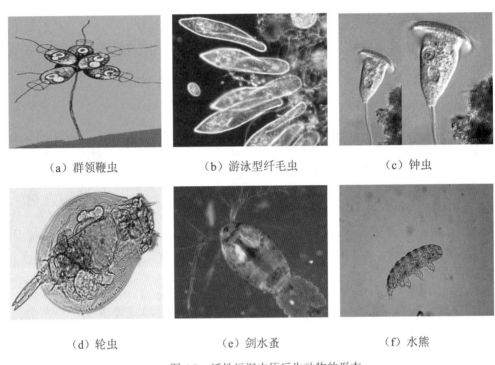

（a）群领鞭虫　　　　　　（b）游泳型纤毛虫　　　　　　（c）钟虫

（d）轮虫　　　　　　　（e）剑水蚤　　　　　　　（f）水熊

图4.8　活性污泥中原后生动物的形态

3. 活性污泥法

　　通常，我们把图4.2所示的工艺流程图称为城市污水处理厂二级处理工艺，这种利用生物池（曝气池）中的活性污泥实施污水处理的方法称为活性污泥法，其更准确的活性污泥法定义如下。

　　活性污泥法是利用人工培养和驯化的微生物群体（活性污泥）去分解氧化污水中可生物降解的有机物，从而使污水得到净化的方法。其主要代表就是曝气池。曝气池与其工艺后面的二次沉淀池是活性污泥法工艺的核心（图4.9）。

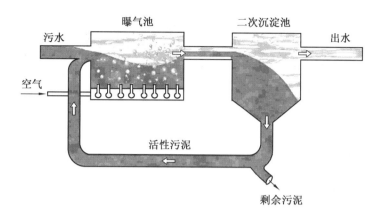

图 4.9 活性污泥法工艺的核心（曝气池+二次沉淀池）

4.1.4 荚膜和菌胶团

上面定义活性污泥时用到了"荚膜""菌胶团"这两个微生物学领域的名词，那么什么是荚膜？什么是菌胶团？我们水微生物学给出的定义如下。

1. 荚膜

在一些细菌生长过程中，围绕细菌细胞壁外常会出现具有一定外形、厚薄不一、相对稳定的附着于细胞壁的黏液性物质——荚膜，这种荚膜并不是所有细菌都能产生，这是一类特定的细菌，且具有遗传性。（图 4.10）

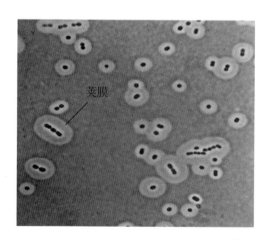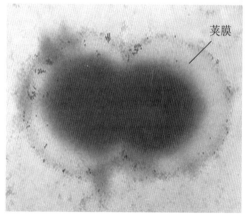

图 4.10 荚膜

2. 菌胶团

菌胶团是由很多细菌细胞的荚膜物质相互融合，连为一体，组成共同的荚膜，内含很多细菌的微生物群。菌胶团由很多种形状：球形、椭球形、分枝状等。（图 4.11）

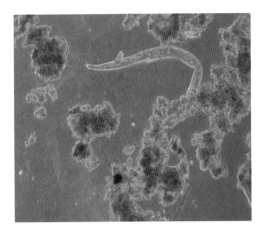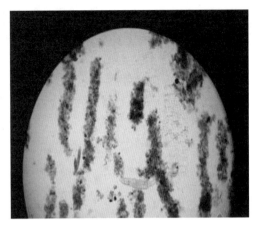

图 4.11　菌胶团

4.2　微生物是如何在系统中进行污水处理的

由以上内容可知，在给排水科学与工程专业的排水工程方向的污水处理工程中，微生物起作用的构筑物是核心工艺，那么，这些带有荚膜和菌胶团的细菌（活性污泥）是如何去除和降解污水中的有机污染物的呢？

4.2.1　为什么微生物能够降解污水中有机物污染物

为什么微生物能够降解污水中有机物污染物？通俗地讲，微生物是生物，生物为了生存就必须摄取食物和进行新陈代谢，污水处理工程中的曝气池中活性污泥微生物吃什么？吃的就是污水中的有机污染物，有机污染物被微生物吃掉了，微生物长大了，水中的有机污染物就少了或没了，而这些长大的及繁殖出来的微生物，人们又通过沉淀将其从水中去除，使出水中即不含有机物也不含微生物，从而达到污水处理的目的。

作为一门大学专业课，不能这么通俗和简单地解释，而要研究其本质上的东西。那么从专业的角度上，应该如何解释其机理呢？首先看图 4.12 和图 4.13 所示。

由图 4.12 和图 4.13 可以看出，水中有机污染物在有氧的条件下进行新陈代谢作用。其过程为：

（1）微生物将水中有机污染物进行分解代谢，将污水中大分子有机污染物（糖类、脂类、蛋白质等），在酶的作用下降解成小分子物质——氨基酸、单糖、氨氮、CO_2、H_2O、N_2 等，其中氨基酸、单糖等被微生物重新利用，进行合成代谢，合成自身机体物质；而 CO_2、H_2O、N_2 等是无机物质，直接被释放到环境中。

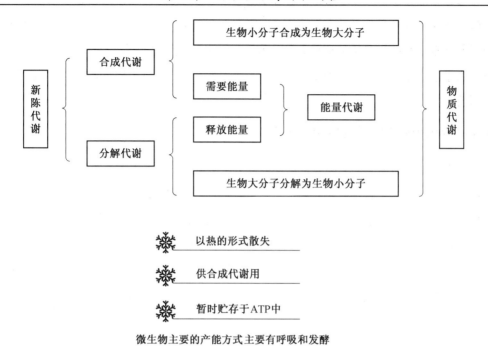

图 4.12　微生物新陈代谢污水中有机物及能量的转化形式

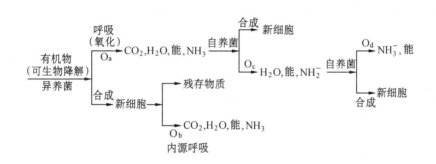

图 4.13　微生物降解污水中有机物过程的代谢示意图

（2）在微生物进行外部环境（污水环境）分解大分子有机污染物的同时，自身的内部环境也在进行着新陈代谢，通过呼吸作用将自身的有机物分解，释放生命活动中所需要的能量，代谢过程产物也会出现氨基酸、单糖、氨氮、CO_2、H_2O、H_2S 等，这些小分子物质除了进一步氧化获得能量之外，也有部分重新参与了自身物质的合成，氧化终产物 CO_2、H_2O、H_2S 等被释放到环境中。

微生物在降解水中有机污染物的上述两个过程是同步的，难以将其中的过程具体是哪个代谢产生的氨基酸、单糖、氨氮、CO_2、H_2O、H_2S、N_2 等，而且其物质代谢过程中伴随着能量代谢。

　　微生物在外部环境中的有机污染物的分解活动和自身内部的新陈代谢活动，宏观上的表现就是水中有机污染物的降解、减少和去除，从而达到去除水中有机污染物的目的。而我们除了学习上面的物质转化过程和机理，还要研究一些更深层次的酶催化过程和基因层面的生物工程。

4.2.2　污水处理时为什么需要曝气

　　通过微生物新陈代谢作用可达到去除污水中有机污染物的目的，但必须有外部条件的支持，曝气池中微生物在代谢过程中，其中一个重要的条件是一定要有"食物"（蛋白质、糖类、脂类等），这一点污水中的有机污染物已经满足条件了。

　　微生物生命活动的每一个生理生化反应或活动都需要能量，那么就离不开呼吸作用。在污水处理工程的活性污泥法中，为了加快去除有机物作用，充分保证微生物有氧呼吸条件，采取的主要措施就是在曝气池中人工强化充氧，即曝气（图 4.14），这也是曝气池名称的由来。

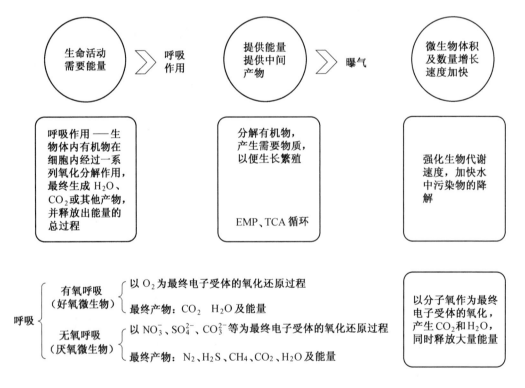

图 4.14　呼吸作用及过程与曝气强化

　　曝气是有氧呼吸作用的强化，有氧呼吸是：微生物的产能代谢的方式以分子氧作为最终电子受体的氧化，将污水中有机污染物进行氧化，释放能量的同时产生 CO_2 和 H_2O，有氧呼吸是快捷、高效的产能代谢方式。

其中有氧呼吸最有代表性的产能代谢途径是糖酵解（EMP）途径和三羧酸（TCA）循环。三羧酸（TCA）循环途径如图 4.15 所示。

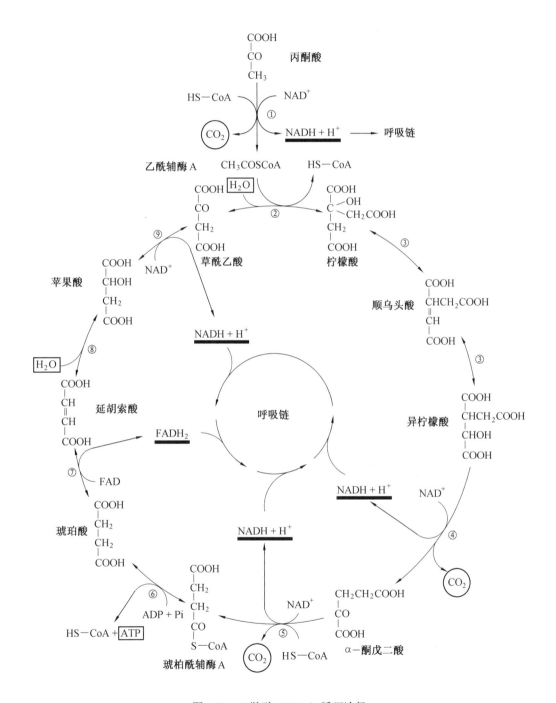

图 4.15　三羧酸（TCA）循环途径

曝气池是好氧活性污泥法工艺特征，也就是在曝气充氧的条件下，进行活性污泥法有氧呼吸作用强化，这种带有曝气设施的生物处理池的污水处理工艺称为污水好氧处理工艺。

请记住，曝气池是好氧活性污泥法的典型工艺特征——因为以下还要介绍其他的生物处理法。

4.2.3　不曝气微生物也可以进行污水处理

在微生物进行污水处理过程中，不曝气行不行？答案当然是肯定的。这就是我们要介绍的其他方式的生物处理法。

大家都知道，生物的产能代谢的方式除了呼吸作用之外，发酵也是最重要的产能代谢方式。呼吸作用可分为有氧呼吸和无氧呼吸，而作为微生物的也是如此。我们把营有氧呼吸的微生物称为好氧微生物，营发酵和无氧呼吸的微生物称为厌氧微生物，其产能代谢的方式和微生物种类如图 4.16 所示。

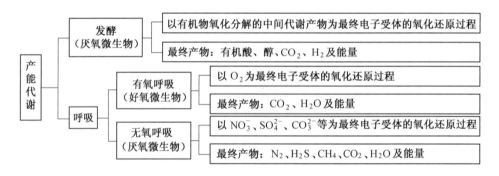

图 4.16　产能代谢的方式和微生物种类

那么在不曝气的条件下，微生物通过什么方式进行的污水处理呢？

通过前人的研究总结，微生物在处理污水中有机污染物的过程中，在不曝气的条件下，微生物可通过发酵和无氧呼吸两种方式进行产能发酵，具体的方式如下。

1. 发酵

发酵是某些厌氧微生物在生长过程中的获得能量的一种方式。在发酵过程中，可利用的底物通常是单糖或某些双糖，亦可是氨基酸等。水处理中宏观的表现就是，复杂的有机化污染物在微生物的作用下分解成比较简单的物质，其中有些产物被微生物利用。

在污水处理工程中，根据微生物发酵最终的末端产物不同，可将发酵分为四种类型：丁酸发酵、丙酸发酵、混合酸发酵和乙醇发酵（图 4.17）。

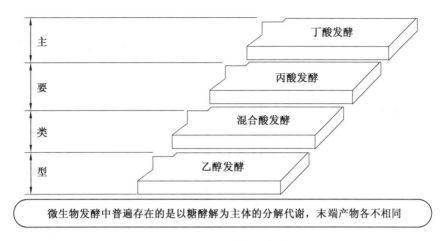

图 4.17 发酵的主要类型

2. 无氧呼吸

无氧呼吸是某些厌氧和兼性厌氧微生物在无氧条件下进行无氧呼吸。无氧呼吸也需要电子传递体，并伴随有磷酸化作用，产生能量。无氧呼吸产生的能量不如有氧呼吸产生得多。根据微生物在污水处理工程中最终电子受体不同，可将无氧呼吸分为硝酸盐呼吸、硫酸盐呼吸、碳酸盐呼吸。其无氧呼吸类型和特点示意图，如图 4.18 所示。

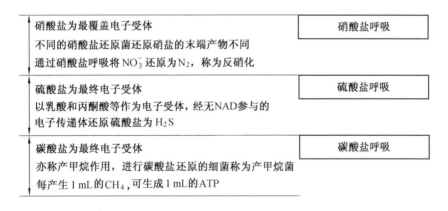

图 4.18 无氧呼吸的类型和特点

3. 不曝气的微生物生化处理工艺

曝气池代表的是好氧活性污泥法工艺，那么不曝气的微生物生化处理工艺是什么呢？根据其微生物附着的载体及状态，以及微生物的流化形式，可以把不曝气的微生物生化处理统称为厌氧生物处理工艺，这些厌氧处理工艺具体又分为：厌氧活性污泥法、厌氧生物膜法、厌氧生物流化床反应器等。厌氧活性污泥法与好氧活性污泥法类似，只不过在其活性污泥的构筑物中不曝气而已，通常称为厌氧生物池。而厌氧生物膜法又可分为：生物接触氧化池、生物转盘、生物滤池等（图 4.19）。

（a）生物接触氧化池

（b）生物转盘

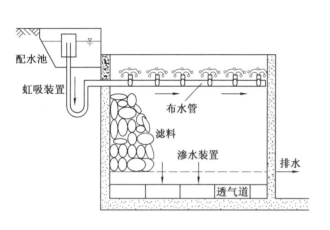
（c）生物滤池

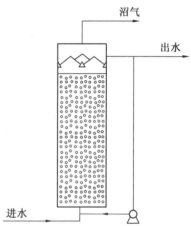
（d）生物流化床反应器

图 4.19　不曝气的微生物生化处理工艺

　　由上述内容可以看出，微生物生理生化反应在处理污水中有机污染物时起非常重要的作用，因微生物种类、反应外部条件、附着方式和反应器不同而不同，为了能更好地掌握污水处理设计的技能，必须了解和掌握最基本的微生物处理污水有机污染物的机理及生理生化反应过程。

4.3　水微生物学学习的内容

　　水微生物学这门课程是给排水科学与工程专业的专业必修课，学分在 2.5 学分左右，学时在 50 学时左右，一般高校都开设在大学二年级的下学期，也就是我们所说的第 4 学期。本课程主要学习的章节内容如图 4.20 所示。

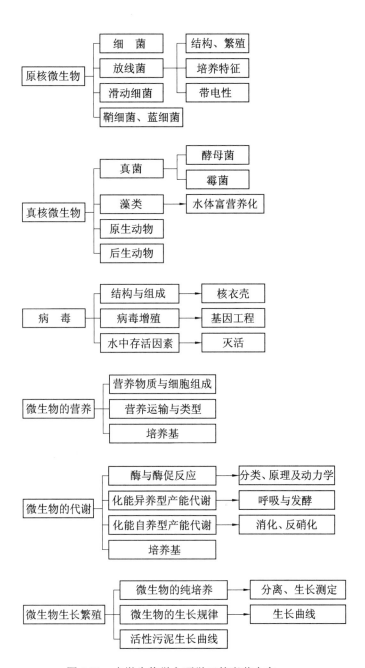

图 4.20　水微生物学主要学习的章节内容

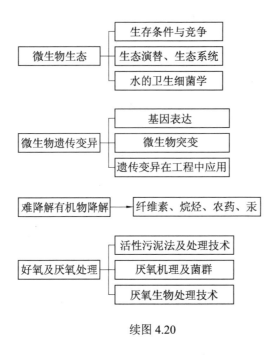

续图 4.20

本 章 习 题

1. 微生物学的内容与给排水科学与工程专业中的哪个方向密切相关？

2. 污水处理厂的常规工艺流程是怎么样的？其核心构筑物是哪两个？

3. 什么是曝气池？活性污泥及活性污泥法的定义是什么？

4. 怎么用通俗的语言讲述微生物能够降解污水中有机物污染物的原因？

5. 水中有机污染物在有氧的条件下，微生物进行的新陈代谢过程是怎样的？

6. 为什么要在利用微生物处理污水中有机污染物时曝气？

7. 为什么在适宜的条件下，不曝气也可以利用微生物处理污水中的有机污染物？

8. 不曝气的微生物生理生化处理工艺都有哪些？

第5章　水资源利用与保护课程内容

5.1　水资源利用与保护课程性质及前后衔接

很多学校都把水资源利用与保护课程设置成专业必修课，学时不是很多，一般都在 24～32 之间，学分为 1.5～2.0，本门课程可开设在第 5 学期或第 6 学期。随着工程认证和"卓越工程师计划"的实施，很多学校还在本门课程学习的后期设置了大作业或课程设计。

水资源利用与保护是给排水科学与工程专业比较重要的专业课程之一，主要介绍的是水的自然循环和社会循环、节水、水的社会循环的工程设施、水工业及其产业体系。因此，在学习本门课程之前，必须学完水文学、工程地质与水文地质课程及其之前的所有课程，比如数学等、化学等、工程力学、工程制图、水力学等。

5.2　水资源概况与水资源评价

水资源利用与保护从课程所学工程内容上来说，它是净水厂的上游工程——取水工程，应该在水质工程学（Ⅰ、Ⅱ）前开设，但也有一些学校由于课程设置条件的限制，也在第 6 学期或者更往后的第 7 学期开设，从水资源利用和保护的总结和"收官"的角度上也是比较合理的。

水资源利用与保护主要介绍地表水资源量评价、地下水资源量评价、供水资源水质评价与水资源供需平衡分析、地表水取水工程、地下水取水工程等。目前的"水流域生态治理"除了将地表水资源量评价、地下水资源量评价、供水资源水质评价与水资源供需平衡分析等内容重要性凸现外，还将此前的水文学、工程地址与水文地质等课的重要性也提高了。

5.2.1　了解水资源的基本概况及特点

为了使大家对基本概念有个比较清楚的认识，在本小节对相关概念和内容展开略微详细的介绍。

1. 水资源的概念

什么是水资源？水资源就是人类在长期生存、生活和生产过程中所需要的各种水，既包括了数量和质量的概念，又包括它的实用价值和经济价值。水资源的概念通常有广义、狭义和工程上的概念之分。

（1）广义概念。

水资源包括海洋、地下水、冰川、湖泊、土壤水、河川径流、大气水等在内的各种水体。

（2）狭义概念。

水资源指上述广义水资源范围内逐年可以得到恢复更新的那一部分淡水。

（3）工程概念。

仅指上述狭义水资源范围内可以恢复更新的淡水量中，在一定技术经济条件下，可以为人们所用的那一部分水以及少量被利用的海水。

通常所说的"水资源"是指：陆地上可供生产、生活直接利用的江河、湖沼以及部分储存在地下的淡水资源，亦即"可利用的水资源"。这部分水量只占地球总水量的极少一部分。

如果从可持续发展的角度来看，水资源仅指一定区域内逐年可以恢复更新的淡水量。具体来说是指：以河川径流量表征的地表水资源，以及参与水循环的以地下径流量表征的地下水资源。对一定区域范围而言，水资源的量并不是恒定不变的。它随用水的目的与水质要求的不同、科学技术与经济发展水平的不同而变化。

2. 水资源的特性与循环

水，除了作为一种化合物有其固有的物理、化学性质外，作为一种自然资源在开发利用时还有其独特性质。

（1）流动性与溶解性。

在常温下，水主要以液态的形式存在，具有流动性。这种流动性使水得以拦蓄、调节、引调，从而使水资源的各种价值得到充分的开发利用。但同时也使水具有一些危害，它会造成洪涝灾害、泥石流、水土的流失与侵蚀等。这些都体现了水具有双重性。

（2）再生性与有限性。

水会在气、液、固三种形态之间不断转化、迁移，形成水的循环，使地球上的各种水体得到更新，使水资源呈现再生性，但并不表明水是"取之不尽，用之不竭"的，相反，水资源是非常有限的。全球水循环的水总量是一定的，世界陆地年径流量约470 000亿 m^3，可以说这是目前可供人类利用水资源的极限，一旦实际利用量超过可更新的水量，就会面临水资源的不足，发生水荒甚至水资源的生态问题。

（3）时空分布上的不均匀性。

水资源的时空变化是由气候条件、地理条件等因素综合决定的。各区域所处的地理纬度、大气环流、地形条件的变化决定了该区域水资源的多少。

（4）社会性与商品性。

水资源的多用途与综合经济效益是其他自然资源难以相比的，对人类社会的进步与发展起极为重要的作用，充分体现了水的社会性。水还具有一般物品难以替代的价值，已成为用来交换的产品，具有商品的属性。

3. 地球上的水资源概况

地球上水的总量为 14.6 亿 km^3，其中海洋、咸水湖等咸水量为 14.21 亿 km^3，占 97.3%；淡水总量约 0.39 亿 km^3，占 2.7%。

而在这为数不多的 0.39 亿 km^3 淡水中有 77.2% 储藏在极地和冰川中，22.4% 是地下水和土壤中水，约 0.35% 在湖泊和沼泽中，而江河中的淡水不到 0.01%。

世界上大部分的淡水资源是以冰雪的形式分布于远离人口密的地区，至今难以大规模利用，从永续利用的观点来看，利用后可恢复的那部分水量才能算作为可资利用的水资源量。全球多年平均入海径流量基本上代表了这部分水资源量，因此世界水资源量常常是指全球河流入海径流量。

我国是水资源十分紧缺的国家之一，在时间和空间上的分布很不均匀，水源污染严重。水源总量约 2.81 万亿 m^3，人均占有量居世界第 108 位，人均水量很少，供需矛盾十分突出；资源时空分布不均匀，年内、年际变化大，区域分布不均匀，北方水资源贫乏，南方水资源丰富，南北相差悬殊；许多水域和地表水受到污染，水质型缺水表现突出，80% 的地表水域和 45% 的地下水受到污染，湖泊富营养化日趋严重。

4. 水源种类

给水水源分为地表水源和地下水源两大类。

（1）地表水源。

地表水源包括：江河水、湖泊水、水库水及海水等。

地表水是指陆地表面上动态水和静态水的总称，亦称"陆地水"，主要是指通过水的自然循环形成的大气降水。大气降水落到地表，除一部分被截留、蒸发和渗入地下外，其余在地表形成冰川、湖泊、沼泽和天然河流等形式的地表水。

江河水洪枯流量及水位变化较大，长江上游水位变幅可达 30 m 以上，水中含泥沙等杂质较多，并且发生河床冲刷、淤积和河床演变，因此在取水工程选址时，可根据河流的特点设置不同规模的水源。

湖泊及蓄水库水可作为给水水源，其特点是水量充沛，水质较清，含悬浮物较少，但水中易繁殖藻类及浮游生物，底部有淤泥，可根据水文、气象、水文地质及地形、地质等条件修建年调节性或多年调节性蓄水库。

海水在目前的经济技术条件下已经可作为水源。随着近代工业的迅速发展，为满足大量工业用水需要，特别是冷却用水，世界上许多国家，包括我国在内，已经使用海水作为给水水源。

（2）地下水源。

地下水是指赋存于地面以下岩石空隙中的水，狭义上是指地下水面以下饱和含水层中的水。在国家标准《水文地质术语》（GB/T 14157—1993）中，地下水是指埋藏在地表以下各种形式的重力水。

地下水主要是在岩石中存在的形式主要有吸着水、薄膜水、毛细水和重力水等，其中岩石的空隙性所形成的含水层和隔水层对地下水的分布与运动有重要影响，只有当岩层具有地下水自由出入空间，适当地质条件和充足的补给水源的才能构成含水层。地下水按埋藏条件可分为包气带水、潜水和承压水，如图 5.1 所示。地下水按形成方式可分为渗透水、凝结水、埋藏水和原生水。

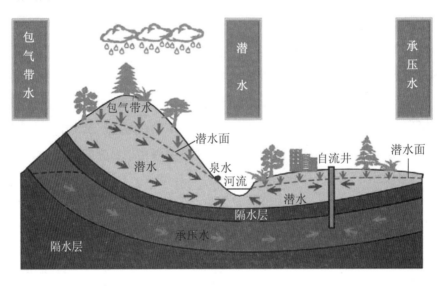

图 5.1　地下水的埋藏条件

①包气带水（上层滞水）。上层滞水即存在于包气带中局部隔水层之上具有自由水面的重力水（图 5.2）。它的特征是分布范围有限，补给区与分布区一致，因为补给完全靠大气降水和地表水补给，因此，水量受季节性影响非常明显，有时甚至完全被蒸发掉，但因接近地表，容易被污染。

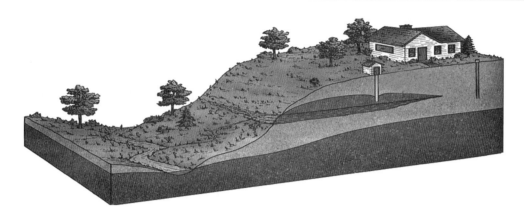

图 5.2　上层滞水示意图

②潜水。潜水是埋藏在第一隔水层之上，具有自由表面的重力水。它多存在于第四纪沉积层的孔隙以及裸露于地表基岩裂缝和孔洞之中。它的分布区和补给区往往一致，水位、流量、化学成分随地区、时间不同而不同。潜水面形态变化规律如图 5.3 所示。

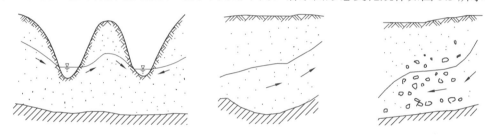

（a）受地形和河流位置影响　　（b）受底板隔水层高度影响　（c）受含水介质渗透性变化影响

图 5.3　潜水面形态的变化规律

③承压水。承压水是充满于两隔水层有压的重力水（图 5.4）。当用钻孔凿空地层时，承压水就会上升到含水层顶板以上，如有足够压力则水能喷出地表，称为自流井。其主要特征是含水层上下都有隔水层，有明显补给区、承压区和排泄区，补给区和排泄区往往相隔很远，一般埋藏较深，受水文气象、人为因素、季节因素影响小，不易被污染，是理想的水源。

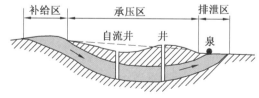

图 5.4　承压水示意图

④裂隙水。裂隙水是埋藏在基岩裂隙中的地下水。介质为坚硬岩石，储水场所为各种成因的裂隙。大部分基岩出露在山区，因此裂隙水主要在山区出现。

⑤岩溶水。通常在石灰岩、泥灰岩、自云岩等可溶岩石分布地区，由水流作用形成河溶洞、落水洞、地下暗河等岩溶现象，赋存和运动于岩溶层中的地下水称为岩溶水或喀斯特水。其特征是低矿化度的重碳酸盐水，涌水量在一年内变化较大。我国石灰岩分布甚广，特别是广西、云南、费州等地，水量丰富，可供作给水水源。

⑥泉水。涌出地表的地下水露头称为泉，有包气带泉、潜水泉和自流泉等。包气带泉涌水量变化很大，旱季可干枯，水的化学成分及水温均不稳定。潜水泉由潜水补给，受降水影响，季节性变化显著，其特点是水流通常渗出地表。自流泉由承压水补给，其特点是向上涌出地表，动态稳定，涌出量变化甚小，是良好的供水水源。

5.2.2　熟悉和掌握水资源量评价

水资源数量评价是水资源评价的重要组成部分，是水资源开发利用与管理的重要依据。通过水资源数量评价可以确定可利用的水资源的数量。

在水资源量的评价内容中，主要介绍地表水资源量评价和地下水资源量评价的两部分内容。

评价的主要任务是解决一定条件下的水资源量能否满足区域用水量的要求，主要内容有：评价区域内的极限开采量，评价区域内可利用的自然与人工多年调蓄水量，评价区域内满足一定保证率的设计年可开采量，评价区域内枯水年最不利开采量，现有条件下可开采的水资源量，本区域开采量。

1. 地表水资源量的评价

（1）降水的水量极值比与变差系数。

通过年降水量极值比 $K_a = x_{max}/x_{min}$ 和年降水量变差系数来衡量年水量的变化情况。

$$C_v = \frac{\sigma}{\bar{x}}$$

式中　　C_v——变差系数；

　　　　σ——均方差；

　　　　$\bar{x}$——年降水量均值。

（2）流域与径流。

流域是指由分水线所包围的河流集水区。

径流是指流域上的降水，除去损失后，经由地面和地下途径汇入河网，形成流域出口断面的水流。

按空间的存在方式分为地表径流与地下径流；按形成水源的条件分为降雨径流、雪融水径流和冰融水径流。

表示径流的特征值有径流流量 Q_t、径流总量 W_t、径流模数 M、径流深度 R_t、径流系数 α。

径流流量 Q_t：单位时间内通过河流某一断面的水量，单位为 $\mathrm{m^3/s}$。由实测的各时刻流量可绘出流量随时间的变化过程，称流量过程线，即 Q_t-t 线。

径流总量 W_t：在一定的时段内通过河流过水断面的总水量，$W_t=Q_{平均}\cdot t$，单位 $\mathrm{m^3}$。

径流模数 M：单位流域面积上产生的流量，$M=Q/F$，单位为 $\mathrm{m^3/(s\cdot km^2)}$。

径流深度 R_t：设想将径流总量平铺在整个流域面积所得的水深，$R_t=\dfrac{W_t}{1\,000\,F}$，单位为 mm。

径流系数 α：某时段内的径流深度与同一时段内降水量之比，$\alpha=R/P$。

河流水文计算方法有成因分析法、地理综合法、数理统计法。其中数理统计法是根据河流水文现象的随机性特征，运用概率论与数理统计的方法，分析水文特征值的统计规律并进行概率预估，从而得出水资源开发利用工程所需水文特征值。

（3）蒸发。

液体或固态水转化为气态水，并逸入大气的过程称为蒸发，可分为水面蒸发和陆面蒸发。水面蒸发主要反映当地的大气蒸发能力，与当地降水量的大小关系不大，主要影响因素是气温、湿度、日照、辐射、风速等。陆面蒸发主要是指某一地区和流域内河流、湖泊、塘坝、沼泽等水体蒸发、土壤蒸发以及植物蒸腾量的总和。

对于闭合流域：陆面蒸发量=流域平均降水深-流域平均径流深。

（4）干旱指数。

干旱指数是衡量一个地区降水量多寡、进行水资源分析的一个重要参数，其值为某一地区年水面蒸发量与年降水量的比值，即 $\gamma=E_0/P$。

干旱指数大于 1.0，表明蒸发量大于降水量，该地区的气候偏干旱。干旱指数值越大，干旱程度就越严重；反之气候就越湿润。

径流流量、总量、模数、深度、系数，以及蒸发和干旱指数等内容，是衡量和计算一个地区的降水量多寡、干旱以及水资源量评价的重要参数。

2. 地下水资源量的评价

地下水的来源主要是大气降水和地面水的入渗，渗入水量的多寡与降雨量、降雨强度、持续时间、地表径流和地层构造及其透水性有关，一般年降雨量的 30%～80%渗入地下补给地下水。

（1）地下水资源评价的内容。

地下水资源评价：主要是地下水资源数量评价，包括补给量、排泄量、可开采量的计算和时空分布特征。

地下水水质评价：根据不同用户对水质的不同要求，对地下水的物理性质、化学成分、卫生条件进行综合评价。

开采技术评价：允许水位降是重要的开采条件，也是地下水开发保护的重要参数。要在计算开采量的同时，计算整个开采过程中，境内不同地段地下水位的最大下降值是否满足允许值要求。

开采后果评价：评价地下水开采对地区生态、环境的影响，分析由于区域地下水的下降，是否会引发地面沉降、地裂、塌陷等环境地质问题，以及海水或污水入侵，泉水干枯，水源地相互影响等不良后果，提出相应的补救措施。

地下水资源评价的一般程序：根据设计水量的要求，进行资料收集、条件勘察、模型选择、参数准备、水量评价等全过程。

（2）地下水循环。

地下水循环是指含水层和含水系统通过从外界获取水量补给，即在径流过程中水由补给水输送到排泄水，然后向外界排出。这种补给、径流、排泄无限重复进行，构成了地下水循环。

补给及补给量：补给是指含水层从外界获取水量的过程；补给量是指在天然或开采条件下，单位时间进入含水层中的水量。

补给来源：大气降水、地表渗水、凝结水（大气、土壤中水汽的凝结）、人工补给。

径流：地下水在岩石空隙中流动过程称为径流，也即地下水在重力作用下，由高水位向低水位流动。

排泄：含水层失去水量的过程称为排泄。排泄的方式有泉、河流、蒸发、人工排泄等。

储存量：储存于含水层中的重力水的体积。

允许开采量：通过技术经济合理的取水构筑物后，在整个开采期内水量不会减少，动水位不超过设计要求，水质和水温度变化在允许范围之内，不影响已建水源的开采、不发生危害性的环境地质问题，在现行法规下，从水文地质单元或水源范围内能够取得的水量。地下水允许开采量只要求概算。

（3）地下径流量。

地下径流量常用地下径流率 M 来表示，其意义是 1 km^2 含水层面积上的地下水流量

（m³/（s·km²）），也称为地下径流模数。年平均地下径流率的计算式为

$$M = \frac{Q}{365 \times 86\,400 \times A}$$

式中　　A——地下水径流面积，km²；

　　　　Q——年内在面积 A 上的地下水径流量，m³。

（4）地下水资源的分区。

地理环境条件具有相似性和差异性，决定了河流水文分布具有区域性，为便于独立区域的基础资料及成果统计的完整性，要尽可能保存流域完整性；同时为了考虑各部门对水资源综合开发利用与水资源保护的要求，流域区域应与行政及经济区相结合，与其他区域，如与自然区划、水利区划、流域规划、供水计划等尽可能协调。

分区的方法可根据各地气候条件和地质条件分区，或根据天然流域分区，以及根据行政区划分区。

（5）地表水资源量评价的内容。

评价的内容包括：单站径流资料统计分析、主要河流径流年径流量计算、分区地表水资源量计算、地表水资源时空分布特征分析、地表水资源可利用量分析、人类活动对河流径流的影响分析。

5.2.3　掌握供水资源水质评价

饮用水的水质量状况直接关系到人体健康，寻求安全与洁净的供水水源质量显得尤为重要。供水资源水质评价主要介绍水质指标与水质分类、评价标准体系、评价方法；生活用水、工业用水及农田灌溉用水水质评价体系。

1. 水质指标体系与天然水化学

（1）天然水中物质组成。

天然水中按所含物质存在状态可分为三类：悬浮物、溶解物和胶体物质。其水中杂质的分类见第 3 章表 3.1。

①悬浮物。特点：在水中的状态主要受悬浮颗粒质量的影响较大，在动水中，呈悬浮状态，在静水中，密度大的下沉，密度小的上浮。主要成分：泥土、黏土（<50 μm）、砂（>50 μm）、金属氧化物、原生动物及其包囊、藻类（<80 μm）、细菌（0.2～4 μm），纸浆纤维、石油微粒等。因此，悬浮物容易被去除。

②溶解物质。特点：它们与水构成均相体系，外观透明，属于真溶液。主要成分：溶解性气体、离子、溶解性有机大分子。

a. 溶解气体：O_2、CO_2、N_2 等（未污染水 DO（溶解氧）为 $5\sim10$ mg/L，<14 mg/L，CO_2 来源于有机物质的分解及地层化学反应，CO_2 的量影响到碳酸平衡、碱度等；地面水 DO 一般为 $20\sim30$ mg/L，地下水 DO 可高达 100 mg/L）。

b. 阳离子：Ca^{2+}、Mg^{2+}、Na^+，还含有少量 K^+、Fe^{2+}、Mn^{2+}、Cu^{2+} 等。

c. 阴离子：HCO_3^-、SO_4^{2-}、Cl^-、NO_3^-、SiO_3^{2-}、F^- 等。

d. 溶解性有机大分子（电解质与非电解质均有）。

③胶体。特点：在水中的状态取决于颗粒本身质量和表面性能。一般情况下，胶体颗粒具有较大的比表面积，吸附能力很强，常吸附水中离子而带电，在水中相当稳定，长期静置也不会下沉。主要成分：黏土类物质、金属氢氧化物、蛋白质、硅酸、纤维素、高分子有机物（如腐殖质内的富里酸和腐殖酸）、病毒等。

悬浮物和胶体是使水产生浑浊现象的根源。其中有机物，如腐殖质及藻类等，往往会造成水的色、臭、味，另外，病原菌附着在悬浮物与胶体上生存，并通过水传播。因此，悬浮物和胶体是给水处理去除主要对象。

（2）水质的概念。

水质是指水和其中所含的物质组分所共同表现的物理、化学和生物学的综合特性。水质指标是表示水中物质的种类、成分和数量，是判断水质的具体衡量标准。

①物理性水质指标，包括：感官物理性状指标，如温度、色度、嗅和味、浑浊度、透明度等；其他的物理性水质指标，如总固体、悬浮固体、可沉固体、电导率（电阻率）等。

②化学性水质指标，包括：一般的化学性水质指标，如 pH、碱度、硬度、各种阳离子、各种阴离子、总含盐量、一般有机物质等；有毒的化学性水质指标，如各种重金属、氰化物、多环芳烃、卤代烃、各种农药等；氧平衡指标，如溶解氧（DO）、化学需氧量（COD）、生物需氧量（BOD）、总需氧量（TOD）等。

（3）生物学水质指标。

生物学水质指标一般包括细菌总数、总大肠菌数、各种病原细菌、病毒等。

2. 生活饮用水水质标准与评价

饮用水的质量直接影响到人体健康，因此对水质要求比较严格，国家标准《生活饮用水卫生标准》（GB 5749—2006）对生活饮用水水质的基本要求为：生活饮用水中不得含有病原微生物；生活饮用水中化学物质不得危害人体健康；生活饮用水中放射性物质不得危害人体健康；生活饮用水的感官性状良好；生活饮用水应经消毒处理；生活饮用水水质应符合水质标准所列的卫生要求。

（1）感官性状和一般化学指标。

感官性状指标指某些物质对人的视觉、味觉和嗅觉的刺激，一般化学指标物质对人体健康不直接产生毒害，但通常对生活的使用产生不良影响，其中也包括感官性状的影响。

色度：地面水主要来源于腐殖质、藻类，地下水主要来源于铁、锰。

浊度：新国标中特殊情况不超过 3NTU，浊度具有卫生学意义。

pH：低于 6.5 可能产生腐蚀性，高于 8.5 易沉淀。

总硬度：过高易引起腹泻。

铝：产生涩味。过高的铝对人体有较大的危害，早老性痴呆，骨骼疾病。

铁、锰、铜、锌：颜色（丝纺厂产品受到影响实例），金属、涩味。

酚：9～15 mg/L 明显毒性，但 0.01 mg/L 产生恶臭，标准制定偏于安全。

耗氧量：间接反映水中有机物含量，又称高锰酸盐指数，用 COD_{Mn} 表示。

（2）毒理学指标。

有些化学物质，在饮用水中达到一定浓度时，会对人体健康造成危害，这些属于有毒化学物质。

氟：过多引起牙斑釉和氟骨病，过少引起龋齿。

氰化物：一次摄入 20～30 mg，2～3 min 致死，低剂量摄入引起慢性中毒。

砷：一次摄入 100 mg 致死，低剂量摄入引起慢性中毒。

镉：骨痛病。

铬：致癌作用等。

（3）微生物学指标。

总大肠菌群、耐热大肠菌群、大肠埃希氏菌及菌落总数、细菌总数。

3. 工业用水质量评价

（1）锅炉用水的水质评价。

蒸汽锅炉中的水处在高温高压条件下，要熟悉和掌握锅炉用水对锅炉的成垢作用、起泡作用和腐蚀作用等。

（2）其他工业用水水质评价。

不同的工业部门对水质的要求不同，其中纺织、造纸及食品等工业对水质的要求较严。食品工业用水首先必须符合饮用水标准，然后还要考虑影响生产质量的其他成分。

4. 农田灌溉用水水质评价

人类活动中产生的水污染状况、水量的变化对农作物及土壤的影响不容忽视。农业用水，尤其是农业灌溉用水（占乡镇总需水量的近 70%～80%）在供水中占据十分重要的地位。灌溉用水的水质状况主要涉及水温、水的总溶解固体和溶解的盐类成分。

《农田灌溉水质标准》（GB 5084—2021）可作为农田灌溉用水水质评价的依据。农田灌溉用水水质评价：水温应适宜，不超过 35 ℃；北方以 10～15 ℃为宜，在南方水稻生长区以 15～25 ℃为宜；水中所含盐类成分也是影响农作物生长和土壤结构的重要因素，$NaHCO_3$ 危害为最大，其次是 $NaCl$。

水中含盐量和盐类成分对作物的影响受许多因素的控制，例如气候条件、土壤性质、潜水位埋深、作物种类以及灌溉方法等。近几年来水体的工业污染严重，灌溉水中有毒有害的微量金属等元素含量升高。

5.2.4　水源的特点及其选择

取水工程通常从给水水源和取水构筑物两方面进行研究。

（1）给水水源方面需要研究的问题有：各种天然水体存在形式、运动变化规律、作为给水水源的可能性，以及作为供水目的而进行的水源勘察、规划、调节治理与卫生防护等问题。

（2）取水构筑物方面需要研究的问题有：各种水源的选择和利用，从各种水源取水的方法；各种取水构筑物的构造形式，设计计算、施工方法和运行管理等。

1. 水源特点

水源的不同使取水工程设施对整个给水系统的组成、布局、投资及运行维护等产生很大的不同，从而也对水的经济性和安全可靠性产生重大影响。因此，给水水源的选择和取水工程的建设是给水系统建设的重要项目，也是城市和工业建设的一项重要课题。

（1）地下水。

地下水受形成、埋藏、补给和分布条件的影响，一般有下列特点：水质澄清、色度低、细菌少、水温较稳定、变幅小、分布面广且较不易被污染，但水的含盐量和硬度较高，有时含过量铁、锰等需要处理。在部分地区，受特定条件和污染的影响，可能出现水质较浑浊、含盐量很高、有机物含量较多或其他污染物含量高的情况。

（2）地表水。

大部分地区的地表水，因受各种地面因素影响较大，通常表现出与地下水相反的特点，如浑浊度和水温变化幅度较大，水质易受到污染。但是水的含盐量及硬度较低，其他矿物质含量较少。地表水的径流量一般较大，但水量和水质的季节变化明显。

2. 水源的选择

作为用水水源而言，地下水源的取水条件及取水构筑物构造简单，施工与运行管理方便，水质处理比较简单，处理构筑物的投资及运行费用较低，且卫生防护条件较好。但是，对于规模较大的地下水取水工程，开发地下水源的勘察工作较大，开采水量通常受到限制，而地表水源则常能满足大量用水需要。

相对于地下水源，地表水的取水条件，如地形、地质、水流状况、水体变迁、卫生防护条件均较复杂，所需水质处理构筑物较多，投资及运行费用也相应增加。

3. 用水水源的选择时的原则

首先应当对当地水资源状况做充分的调查，所选水源应水量充沛可靠、水质好、便于防护；符合卫生要求的地下水可优先作为生活饮用水源考虑，但取水量应小于允许开采量；全面考虑，统筹安排，正确处理给水工程同有关部门，如工业、农业、航运、水电、环境保护等方面的关系，以求合理地综合利用开发水资源；应考虑取水构筑物本身建设施工、运行管理时的安全，注意相应的各种具体条件，如水文、水文地质、工程地质、地形、人防卫生等。

5.3　地下水取水工程

5.3.1　地下水取水位置的选择

地下水取水构筑物的位置选择主要取决于水文地质条件和用水要求。在选择地点时，应考虑下列基本情况：

（1）取水地点应与城市或工业总体规划相适应。

（2）应位于出水丰富、水质良好的地段。

（3）应尽可能靠近主要用水地区。

（4）应有良好的卫生防护，免遭污染。在易污染地区，城市生活饮用水的取水地点应尽可能设在居民区或工业区的上游。

（5）应考虑施工、运转、维护管理方便，不占或少占农田。

（6）应注意地下水的综合开发利用。

5.3.2　地下水取水构筑物

用于开采和集取地下水的构筑物很多，按其构造形式可分为：管井、大口井、渗渠、辐射井与复合井等。

1. 管井

在地下水取水构筑物中用得最多的是管井。管井的直径一般为 150～1 000 mm，深为 10～1 000 m。通常所见的管井直径多在 500 mm 左右，深度小于 150 m。在工程实践中：

（1）常将深度在 20～30 m 以内的管井称为浅井。

（2）将深度在 20～30 m 的管井称为深井。

（3）将直径小于 150 mm 的管井称为小管井。

（4）将直径大于 1 000 mm 的管井称为大口径管井。

由于管井便于施工，因此被广泛用于各种类型的含水层，但习惯上多半用于采取深层地下水。在地下水底板埋深大于 8 m、含水层厚度大于 4 m 的含水层中可用管井有效地集取地下水，单井出水量常在 500～6 000 m³/d，可达 2 万～3 万 m³/d。

管井一般由井室、井壁管、过滤器、沉淀管、封闭黏土和填砾组成（图 5.5）。

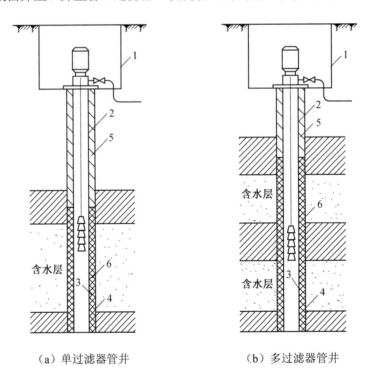

（a）单过滤器管井　　　　　（b）多过滤器管井

图 5.5　管井的一般构造示意图

1—井室；2—井壁管；3—过滤器；4—沉淀管；5—封闭黏土；6—填砾

在规模较大的地下水取水工程中，经常需要建造由很多井组成的取水系统，即井群。

根据从井取水的方式，井群系统可分为：自流井井群、虹吸式井群、卧式泵取水井群、深井泵井群。

井群中各井之间存在相互影响，导致在水位下降值不变的条件下，共同工作时各井出水量小于各井单独工作时的出水量；在出水量不变的条件下，共同工作时各井的水位下降值大于各井单独工作时的水位下降值。在井群取水设计时应考虑这种互相干扰。

管井施工建造一般包括凿井、井管安装、填砾、管外封闭、洗井等过程，最后进行抽水试验。

2. 大口井

大口井直径一般为 4～8 m，深度一般小于 20 m。农村或小型给水系统也有用直径小于 4 m 的大口井，直径 4 m 以上的大口井则多用于城市或工业企业。受施工条件及大口井尺度的限制，大口井多限于开采底板埋深小于 15 m、含水层厚度在 5 m 左右的含水层。单井的出水量可达 500～10 000 m³/d 或更大。

大口井有完整式和非完整式之分（图 5.6）。完整式大口井只能从井壁进水，非完整式大口井可以从井壁、井底同时进水。而井底进水面积远大于井壁，故非完整式大口井的水力条件比完整式的好，集水范围大，适于开采较厚的含水层。

图 5.6 所示为大口井的构造。它主要由上部结构、井筒和进水部分组成。上部结构是大口井露出地面的部分，应注意卫生防护和安全。井筒一般用混凝土或砖、石等来筑成，用来加固井壁或隔离水质不良的含水层。进水部分包括进水孔、透水井壁或井底。

大口井的施工方法有大开挖施工法和沉井施工法。

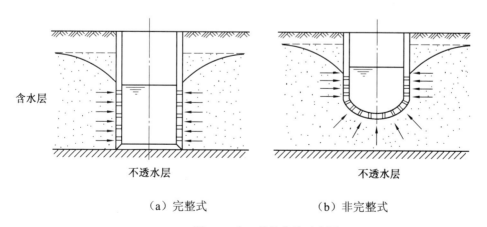

　　（a）完整式　　　　　　　（b）非完整式

图 5.6　大口井的构造示意图

3. 渗渠

渗渠是水平式取水构筑物，既可截取浅层地下水，也可集取河床地下水或地表渗水。渗渠的直径或断面尺寸为 200～1 000 mm，常用 600～1 000 mm，长度为几十到几百米。埋深一般为 5～7 m，最大不超过 10 m。渗渠出水量一般为 10～30 m³/（d·m），最大可达 50～100 m³/（d·m）。

渗渠潜水系统的基本组成部分有水平集水管（渠）、集水井和水泵站。另外，通常每隔 50～100 m 建一检查井。

4. 辐射井

辐射井是由大口径的集水井与若干沿井壁向外呈辐射状铺设的集水管（辐射管）组合而成，如图 5.7 所示。

辐射井通常又分为非完整式大口井与水平集水管的组合和完整式大口井与水平集水管的组合。另外，辐射井还有时由集水井与水平或倾斜集水管组成，地下水全部由集水管集取，集水井只起汇集来水的作用。集水管径一般为 100～250 mm，管长为 10～30 m，集水井直径不小于 3 m，深一般为 10～30 m。由于扩大了进水面积，辐射井的单井出水量较大，一般为 5 000～50 000 m³/d，甚至高达 10 万 m³/d。

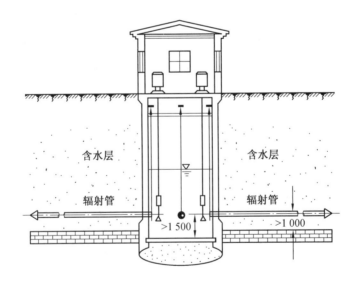

图 5.7　辐射井的构造示意图

5. 复合井

复合井由非完整大口井与不同数量的管井组合而成，各含水层的地下水分别为大口井和管井集取并同时汇聚于大口井井筒，如图 5.8 所示。它适用于含水层较厚、地下水位较高，单独采用大口井或管井不能充分开发利用含水层的情况。

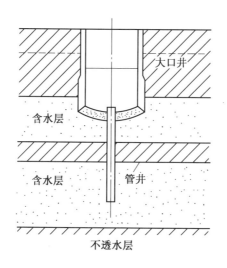

图 5.8　复合井的构造示意图

5.4　地表水取水工程

5.4.1　地表水取水位置选择

正确选择地表水取水构筑物的位置是保证安全、经济、合理供水的重要环节。因此，在选择取水构筑物位置时必须根据河流水文、水力、地形、地质、卫生等条件综合研究，进行多方案技术经济比较，从中选择最合理的取水构筑物位置。

在选择取水构筑物位置时，应考虑以下基本要求：

（1）应与城市总体规划要求相适应。在保证供水安全情况下，尽可能靠近用水地点，以节省输水投资。

（2）取水位置应能保证取得足够水量和较好水质，且不被泥沙淤积和堵塞。因此，宜选在水深岸陡、泥沙量少的凹岸，并在顶冲点下游 15～20 m 处。在顺直河段，宜选在主流靠近岸边，河床稳定、断面窄、流速大的河段。一般凸岸易淤积，较少设置取水构筑物。

（3）宜设在水质良好地段。对城市生活饮用水源，一般应选在城市或工业区上游，防止污染；在沿海潮汐影响的河流上，取水位置应在潮汐影响以外，以免吸入咸水。

（4）从湖泊和水库取水时，宜选在有足够水深并远离支流入口处，以免泥沙淤积。

（5）取水位置应设在洪水季节不受冲刷和淹没的地方。在寒冷地区为防止冰凌影响应设在无底冰和浮冰的河段。

（6）选择取水位置时，须考虑人工构筑物，如桥梁、码头、丁坝、拦河坝等对河流特性所引起变化的影响，以防对取水构筑物造成不良后果。

（7）取水位置的选择与给水处理厂、输配水管网布置等有密切关系，因此取水位置还应从整个给水系统的方案比较来考虑确定。

5.4.2　地表水取水构筑物

地表水取水构筑物的类型很多，按构造形式一般将分为三类，即固定式取水构筑物，移动式取水构筑物和山区浅水河流取水构筑物。

1. 固定式取水构筑物

固定式取水构筑物按取水点的位置来分有岸边式、河床式和斗槽式（图5.9）。

（1）直接从岸边进水的固定式取水构筑物，称为岸边式取水构筑物。当河岸较陡、岸边有一定的取水深度、水位变化幅度不大、水质及地质条件较好时，一般都采用岸边式取水构筑物。岸边式取水构筑物通常由进水间和取水泵站两部分构成，它们可以合建也可以分建。合建的优点在于布置紧凑、总建筑面积小、水泵的吸水管路短、运行安全、管理维护方便、有利于实现泵房自动化。分建式岸边取水构筑物是将岸边集水井与取水泵站分开建设，对取水适应性较强，应用灵活。

（2）河床式取水构筑物由取水头、进水管渠及泵站组成。它的取水头设在河心，通过进水管与建在河岸的泵站相连接。这种取水的取水构筑物适于岸坡平缓、主流离岸较远、岸边缺乏必要的取水深度或水质不好的情况。

（3）斗槽式取水构筑物是在取水口附近修建堤坝，形成斗槽，以加深取水深度，亦可起到预沉淀的作用。它一般由岸边式取水构筑物和斗槽组成，适于河流泥沙量大或冰凌严重的情况。

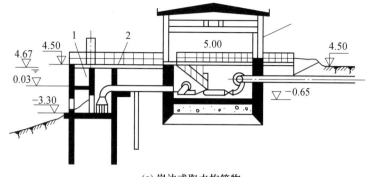

(a) 岸边式取水构筑物

1—进水间；2—引桥；3—泵房

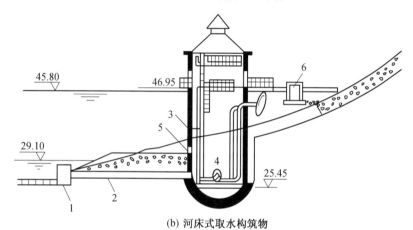

(b) 河床式取水构筑物

1—取水头部；2—自流管；3—集水间；4—泵房；5—进水孔；6—阀门井

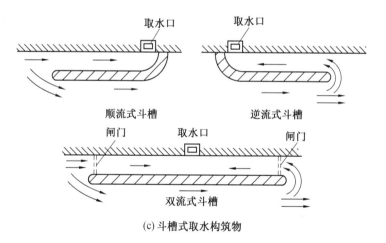

(c) 斗槽式取水构筑物

图 5.9　岸边式、河床式、斗槽式取水构筑物示意图

2. 移动式取水构筑物

修建固定式取水口水下工程量大，施工困难，投资较高，故当施工地的条件及资金不允许时，均可以采用移动式取水构筑物。

移动式取水构筑物可分为浮船式和缆车式。

（1）浮船式取水构筑物主要由船体、水泵机组以及水泵压水管与岸上输水管之间的连接管组成（图 5.10）。它没有复杂的水下工程，也没有大量的土石方工程，船体可由造船厂制造，也可现场预制，施工简单、工期较短、基建费用低，且适应性强、灵活性大。但缺点是操作管理麻烦、供水安全性较差等。浮船式取水构筑物适用于河流水位变幅在 10～40 m 或更大，涨落速度不大于 2 m/h，取水点有足够的水深，河道水流平稳，流速和风浪较小，停泊条件好，河床较稳定、岸坡有适当倾角的情况。

（2）缆车式取水构筑物是建造于岸坡上吸取江水或水库表层水的取水构筑物。主要由泵车、坡道、输水管及牵引设备组成，其中泵车可通过牵引设备随水位涨落沿坡道上下移动。它具有供水可靠、施工简单、水下工程量小、投资较少等优点。对于水位涨落幅度较大且水流速度及风浪较大，选用浮船式有困难时常选用缆车式取水构筑物。

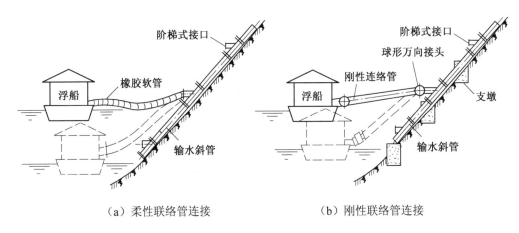

　　（a）柔性联络管连接　　　　　　　　　　（b）刚性联络管连接

图 5.10　阶梯式连接的浮船式取水构筑物

3. 山区浅水河流浅水构筑物

山区河流通常属河流上游段，河床坡降大、河狭流急，流量和水位变化幅度大，因此适于山区浅水河流的取水构筑物有自己的特点。这一类取水构筑物有低坝式和底栏栅式。主要目的都是抬升水位或增加水深，便于取水。

（1）低坝式取水构筑物一般由拦河坝、引水渠及岸边式取水构筑物组成。其中拦河坝又分为固定式（通常用混凝土或砌石筑成）和活动式（如橡胶坝、水力自动翻板闸、浮体闸等）。适用于枯水期流量小，水层浅薄，不通航，不放筏，且推移质较多的小型山溪河流。

（2）底栏栅式取水构筑物由底栏栅、引水廊道、闸阀、冲砂室，溢流堰、沉砂池等组成。适于河床较窄，水深较浅，河底纵向坡降较大，大颗粒推移质特别多的山区河流。

5.5　水资源保护

5.5.1　水资源保护概念、任务与内容

1. 水资源保护概念

水资源保护，从广义上应该涉及地表水和地下水水量与水质的保护与管理两个方面，也就是通过行政、法律、经济的手段，合理开发、管理和利用水资源，保护水资源的质、量供应，防止水污染、水源枯竭、水流阻塞和水土流失，以满足社会实现经济可持续发展对淡水资源的需求。

2. 水资源保护的任务和内容

（1）改革水资源管理体制并加强其能力建设，切实落实与实施水资源的统一管理，有效合理分配。

（2）提高水污染控制和污水资源化的水平，保护与水资源有关的生态系统。

（3）强化气候变化对水资源的影响及其相关的战略性研究。

（4）研究与开发与水资源污染控制与修复有关的现代理论、技术体系。

（5）强化水环境监测，完善水资源管理体制与法律法规，加大执法力度，实现依法治水和管水。

5.5.2　水环境质量监测与保护

1. 污染源调查

污染源调查的目的是判明水体污染现状、污染危害程度、污染发生的过程、污染物进入水体的途径及污染环境条件，并揭示水污染发展的趋势，确定影响污染过程的可能的环境条件和影响因素。

调查的内容：污染现状、污染源、污染途径以及污染环境条件等。

2. 水环境质量监测

（1）地面水水质监测是通过水质监测站网进行的。在一定地区、按一定原则、以适当数量的水质监测站构成水质资料收集系统。

在水环境质量监测中，监测断面非常重要。监测断面的设置是为了弄清排污对水体的影响，评价水质污染状况所设的采样断面（也称控制断面）。通过采样断面上不同深度设置采样点，然后在规定的时间内取样和监测达到水环境水质监测的目的。

（2）污染地下水质的污染物是通过渗坑、渗井污染水体的。污染物随地下水流动而在其下游形成条带状污染。监测点应沿地下水流向布置，平行和垂直监测断面控制，其范围包括重污染区、轻污染区以及污染物扩散边界。

3. 水资源保护措施

最重要的水资源保护措施是加强水资源保护立法，设立行政管理机构，实现水资源的统一管理；其次是节约用水，提高水的重复利用率；利用地下水和地表水自然循环和相互转化，综合合理地开发地下水和地表水资源；强化地下水资源的人工补给（图5.11）。

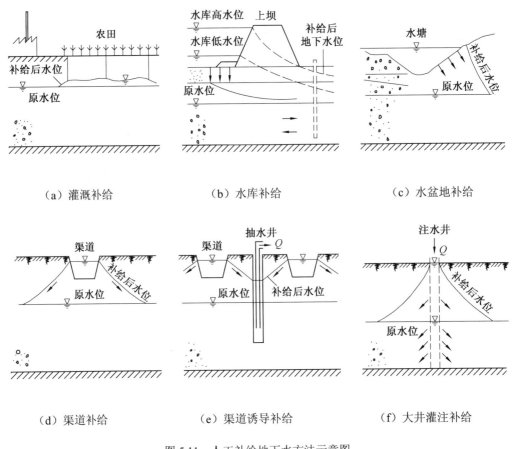

（a）灌溉补给　　　　（b）水库补给　　　　（c）水盆地补给

（d）渠道补给　　　　（e）渠道诱导补给　　　　（f）大井灌注补给

图5.11　人工补给地下水方法示意图

除此之外，还可通过建立有效的地下水源卫生防护带，加强地下水污染的治理，实施流域水资源的统一管理等措施来保护水资源。地下水污染的治理有换土法、物理化学法、生物净化法（图5.12）、人工补给法及抽水-水力截获法等。

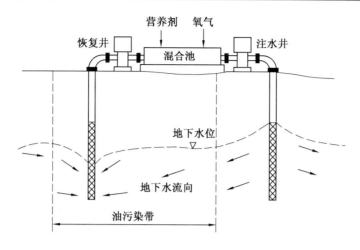

图 5.12　典型现场生物处理系统（生物净化法）

本 章 习 题

1. 说明水资源的含义与特性。

2. 我国水资源有什么特点？

3. 给水水源分成哪两大类，各自包括哪些内容？

4. 地下水源和地表水源各有什么特点？

5. 取水工程的任务是什么？

6. 地下水取水构筑物包括哪些形式？

7. 地表水取水构筑物包括哪些形式？

第6章　建筑给水排水工程课程内容及能力要求

6.1　建筑给水排水工程是专业的重要就业方向

我国建筑给排水自1949年中华人民共和国成立以来,经历了房屋卫生技术设备阶段、室内给排水阶段、建筑给排水阶段。建筑给排水是建筑行业重要的组成部分,与建筑学、建筑结构、建筑采暖与通风、建筑电气、建筑燃气等工程构成可供使用的建筑物整体。建筑给排水满足人们舒适的卫生条件,保障生产的运行和人民生命财产的安全。通常情况下,建筑给排水的完善程度是建筑标准等级的重要标志之一。

随着建筑业的发展,建筑给排水专业也迅速发展,已成为给水排水中不可缺少而又独具特色的组成部分。前文已经介绍给排水科学与工程专业的就业方向,主要分为给水、排水以及建筑给排水,一直以来,给排水的毕业生第一份工作从事建筑给排水方向的占有很大比重,而对应的工作内容主要包括设计、施工及从事管理工作。特别是结合专业发展,建筑给排水方向在就业时相对更灵活。根据近几年毕业生就业情况,给排水专业的同学毕业所签订的第一份工作,建筑给排水方向占有主导地位。同样,通过调查,建筑给排水方向的就业前景在所有理工科专业中排行第79位,建筑给排水专业毕业的同学前三年月平均工资约7 034元,最低工资约2 625元,最高工资在11 000元以上,其中30%以上的同学选择在北京、上海等地发展。而就业单位大体有以下几方面:

（1）施工、监理单位。施工单位是毕业生在就业时所选的主体,其原因一方面是用人需求量大,另一方面是年轻人喜欢挑战自己。就业单位主要有:中建系列、中铁系列、中水系列、省建系列、市建系列的施工单位。

（2）设计单位。建筑给排水方向在就业时对于设计院的选择相对于市政行业而言对于学历的影响相对较小,而就业单位主要是一些专业建筑设计院及行业设计院,从事建筑给排水方向设计工作。

（3）政府及公共事业管理单位,通过政府组织的专业岗位录用考试获取职位。

6.2　建筑给水排水工程课程内容

6.2.1　课程性质及课程前后衔接

建筑给排水是专业必修课,学时约 52 学时,学分为 2.5 学分,一般开设在大学三年级的下学期,也就是第 6 学期。在此课程理论教学完成之后还开设有 1～2 周的课程设计。

建筑给排水课程是给排水科学与工程专业建筑给排水方向课程的核心专业技术课程,主要介绍建筑内部给水、排水、热水供应和与之密切联系的消防给水的设计原理、设计方法以及安装和管理方面的基本知识和技术。

在学习这门课程之前,必须先学习一些与其相关的基础课程和专业课:土建基础、工程制图、水力学、水泵与水泵站、给排水管道工程等。

在学习该课程的同时还将学习与之关联的相关专业课程,如水工程施工、水质工程学、水工艺设备基础、工程招投标、暖卫工程施工及给排水工程概预算等,为建筑给排水在后期的就业武装对应的理论知识、提升相应技能。

6.2.2　建筑给排水课程内容组成

建筑给排水课程的课程内容体系主要包括以下 5 部分内容:

1. 建筑内部给水排水

建筑内部给水排水是建筑给水排水的主体和基础,它又可分为:

(1)建筑内部给水。

内部给水的任务是将室外城市给水管网的水按照建筑物生活、生产的需要合理地分配到用水点。而要满足用户对水的需求既要考虑安全性同时也要考虑经济性。据此,建筑内部给水中需注意以下几个问题:

①内部给水系统的组成。

图 6.1 为建筑内部给排水系统的组成示意图,由图可知,内部给水系统的组成包括以下部分。

a. 引入管。

引入管为自室外给水管将水引入室内的管段,也称进户管(对于单栋建筑物来说,是室内外的联络管段;对于建筑群来说,是总进水管,一般用一条,要求高的用两条)。

b. 水表节点。

水表节点为安装在引入管上的水表及前后设施的阀门和泄水装置的总称。目前应用较多的是流速式水表,流速式水表按叶轮转轴和水流方向的夹角可分为旋翼式水表和螺翼式水表（图 6.2）。一般情况下，当公称直径小于等于 50 mm 时，采用旋翼式水表，螺纹连接；公称直径大于 50 mm 时，采用螺翼式水表，法兰连接。水表应安装在便于检修和读数，不受暴晒、冻结、污染和机械损伤的地方；螺翼式水表得上游侧应保证长度为 8～10 倍水表公称直径的直管段，其他类型水表前后应有不小于 300 mm 的直管段；水表应水平安装；对于生活、生产、消防合一的给水系统，如只有一条引入管，应绕水表安装旁通管；水表前后和旁通管上均应装设检修阀门，水表与表后阀门间应装设泄水装置，住宅中的分户水表其表后阀门和泄水阀可不设。

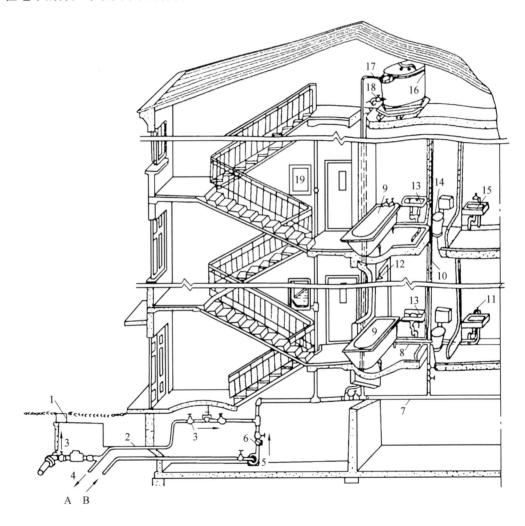

图 6.1　建筑内部给排水系统的组成

1—阀门井；2—引入管；3—闸阀；4—水表；5—水泵；6—逆止阀；7—干管；8—支管；9—浴盆；
10—立管；11—水龙头；12—淋浴器；13—洗脸盆；14—大便器；15—洗涤盆；16—水箱；
17—进水管；18—出水管；19—消火栓；A—入贮水池；B—来自贮水池

（a）旋翼式水表　　（b）螺翼式水表

图 6.2　螺翼、旋翼式水表

c. 管道系统。

管道系统包括干管、立管和支管（图 6.3）。 干管又称总干管，是将水从引入管输送至建筑物各区域的管段。立管又称竖管，是将水从干管沿垂直方向输送至各楼层、各不同标高处的管段。支管又称分配管，是将水从立管输送至各房间内的管段。

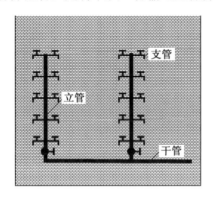

图 6.3　管道组成

d. 配水装置和用水设备（图 6.4）。

生活给水系统中主要指卫生器具的给水配件或配水嘴；生产给水系统中主要指用水设备；消防给水系统中主要指室内消火栓和自动喷水灭火系统中的各种喷头。

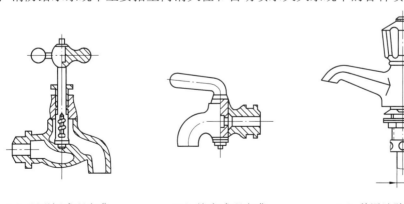

（a）环形阀式配水嘴　　　（b）旋塞式配水嘴　　　（c）普通洗脸盆配水嘴

图 6.4　不同的水嘴

e. 给水附件。

给水附件指管道系统中调节水量、水压、控制水流方向、改善水质，以及关断水流，便于管道、仪表和设备检修的各类阀门和设备。通常由控制附件（各种阀门、水锤消除器、滤器、减压孔板）等管路附件及调节附件（各种龙头组成）。

f. 增压和贮水设备。

增压和贮水设备是指在室外给水管网压力不足或建筑内部对安全供水、水压稳定有要求时，设置的如水箱、水泵、气压装置、水池等升压和贮水设备（图6.5）。

（a）给水设备   （b）消防气压给水设备

图6.5 开压和贮水设备

②给水系统所需水压。

建筑内部给水系统所需的压力。

a. 计算法（设计流量送至建筑内部最不利点）。

$$H = H_1 + H_2 + H_3 + H_4 + H_5 \tag{6.1}$$

式中 H_1——最不利点与引入管起点的几何高差，mH_2O；

   H_2——管道中的沿程和局部水头损失之和，mH_2O；

   H_3——水表的水头损失，mH_2O；

   H_4——流出水头（最不利点的额定压力值），mH_2O；

   H_5——为不可预见因素留有余地而予以考虑的富裕水头，通常取 1～3 mH_2O，一般按 2 mH_2O 计。

H 与室外给水管网能保证的水压 H_0 有较大差别时，应对建筑内部给水管网的某些管段的管径做适当调整。当 $H<H_0$ 时，为充分利用室外管网水压，在流速允许范围内缩小某些管段的管径。当 $H>H_0$ 但相差不大时，为避免设置局部升压设置，可适当放大某些管段的管径，以减少管网水头损失。

b. 经验法。

按建筑层数确定居住区生活给水管网的最小服务水头，见表 6.1。

表 6.1　不同楼层所需最小服务水头

楼层数	1	2	3	4	5	6	二层以上，每增高一层，服务水头增加 4 mH₂O
所需水压/mH₂O	10	12	16	20	24	28	

注：①适用住宅类多层建筑；②水压从室外地面算起。

③给水方式。

建筑给水系统的给水方式即室内的供水方案。合理的供水方案，应根据建筑物的高度制定：室外管网所能提供的水压和工作情况，各种卫生器具，生产机组所需的压力，室内消防所需的设备程度及用水点的分布情况加以选择，并最终取决于室内给水系统所需之总水压和室外给水管网所具有的资用水头（服务水头）H_0 的关系。

H_0 为室外管网到建筑物的自由水压。

当 $H_0>H$ 时，表明室外给水管网水压满足建筑给水系统所需水压要求。

当 $H_0<H$ 时，表明室外给水管网水压不能满足建筑给水系统所需水压，此时需设置升压设备。

通常室内给水系统的给水方式有以下几种：

a. 直接给水方式（$H_0>H$ 的情况下使用）。

此种方式适用范围为一天中的任何时候，城市管网的压力都能满足用水要求，室内给水无特殊要求的单层建筑和多层建筑。此方式与外部管网直连，利用外网水压供水，而且当外网水压超过允许值时应设置减压装置，如图 6.6 所示。采用直接给水方式供水比较可靠，系统简单，投资省，安装、维护简单，可充分利用外网水压，节约能源；但系统内部无贮水设备，当外网停水时，内部立即断水。

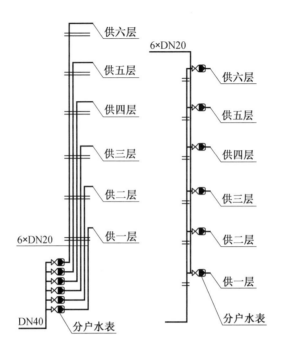

图 6.6　直接给水方式示意图

　　b. 设水箱的给水方式。

　　设水箱的给水方式通常在外网水压 H_0 周期不足，室内要求水压稳定及外网压力过高而需要减压的多层建筑中使用。室内与外网直连并利用外网压供水，同时设高位水箱调节流量和压力，其布置形式如图 6.7 所示。此种供水方式供水较可靠，系统较简单，投资较省，安装维护简单，可充分利用外网水压，节省能源和水泵设备，但需设置高位水箱，结构荷载增加，若图 6.7（b）中水箱容量不足，则可造成上下层同时停水。

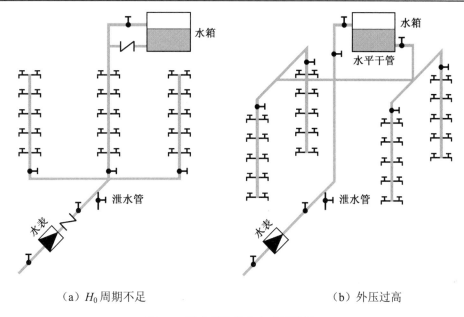

（a）H_0 周期不足　　　　　　　　　　　（b）外压过高

图 6.7　设水箱的给水方式示意图

c. 设水箱和水泵的联合给水方式。

H_0 低于或经常不能满足 H 且外网允许直接抽水时，室内用水不均匀的多层建筑可以采用设水箱和水泵的联合给水方式，如图 6.8 所示。

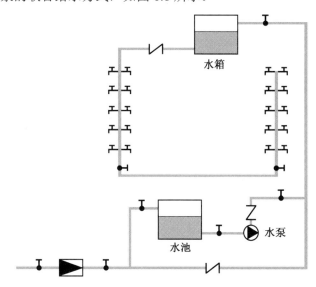

图 6.8　设水箱和水泵的联合给水方式示意图

水泵自外网直接抽水加压，并利用高位水箱调节流量，在外网压力高时也可直接供水。此方式供水安全性高；能利用外网水压，节省能源；水泵恒速运行；安装、维修麻烦，投资大；有水泵震动和噪声干扰；设高位水箱，增加荷载。

d. 设水泵的给水方式。

H_0 经常不满足室内的水压要求，且用水量较大又均匀的生产车间，以及用水量较大又用水不均匀的多层建筑中可采取设水泵的给水方式，如图 6.9 所示。

当室外水压经常不足，用水较均匀且不允许直接从管网抽水时可以采用图 6.9（a）所示布置形式；当室外给水管网的水压经常不足时可采用图 6.9（b）所示布置形式。为了充分利用室外管网压力，节省电能，当建筑内部用水量大且较均匀时，可用恒速水泵供水；当用水不均匀时，采用变速泵供水；当外网 $H_0 > H$ 时，由外网直接供水。

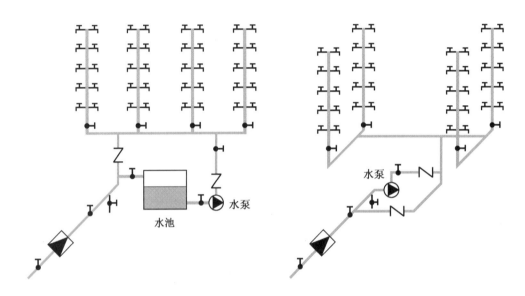

（a）不允许直接从管网抽水的给水方式　　（b）室外给水管网水压经常不足的给水方式

图 6.9　设水泵的给水方式示意图

e. 分区给水方式。

外网压力 $H_0 < H$，但 H_0 可以满足建筑下面几层给水的多层建筑，可采用分区给水方式，如图 6.10 所示。室外给水管水压线以下的下层用户由外网直接供水，上层利用水泵及水箱来调节流量。这种供水方式供水可靠，充分利用 H_0，节约能源，但安装麻烦，投资较大，有水泵震动及噪声干扰，同时维护相对复杂。

确定了内部给水系统的布置形式，选择了合适的给水方式，才能体现出工程的技术与经济性，同时在内部系统布置及后期管理时应遵循安全与经济的原则，避免水质污染，以满足用户对水质、水压与水量的基本要求。

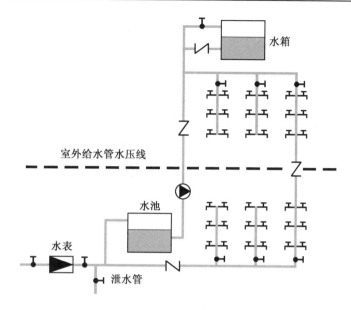

图 6.10　分区给水方式示意图

（2）建筑内部排水。

建筑内部排水的任务就是将建筑内部生活和生产过程中所产生的污水及时地排到室外排水系统中去，根据污水的性质、浓度、流量以及室外排水管网和处理设施的情况确定排放方式和处理方法。根据所接纳的用户污水的不同，建筑内部排水系统通常包括生活污水系统、工业废水水系统。建筑内部排水系统包括以下内容：

①污废水排水系统。

建筑内部污废水排水系统应能满足以下三个基本要求：

第一，系统能迅速畅通地将污废水排到室外；第二，排水管道系统内的气压稳定，有毒有害气体不进入室内，保持室内良好的环境卫生；第三，管线布置合理，简短顺直，工程造价低。为满足上述要求，建筑内部污废水排水系统的基本组成部分有：卫生器具和生产设备的受水器、排水管道、清通设备和通气管道，如图 6.1 所示。

a. 卫生器具和生产设备受水器。

卫生器具是建筑内部排水系统的起点，用来满足日常生活和生产过程中各种卫生要求，是收集和排除污废水的设备，包括便溺器具、盥洗沐浴器具、洗涤器具、地漏等。

b. 排水管道。

排水管道包括器具排水管（包括存水管）、排水横支管、立管、埋地干管和排出管。按管道设置地点、设置条件及污水的性质和成分，建筑内部排水管材主要分为：塑料管、铸铁管、钢管和带釉陶土管，以及处理工业废水时所用的陶瓷管、玻璃钢管、玻璃管等。目前在建筑内使用的排水塑料管是硬聚氯乙烯塑料管（简称 UPVC 管）；钢管主要用于洗脸盆、小便器、浴盆等卫生器具与横支管间的连接短管，管径一般为 32 mm、40 mm、

50 mm；带釉陶土管耐酸碱腐蚀，主要用于排放腐蚀性工业废水，室内生活污水埋地管也可用陶土管。

　　c. 清通设备。

　　为疏通建筑内部排水管道，保障排水畅通，需设清通设备。清通设备包括在立管上设置的检查口，横支管上设置的清扫口或带清扫门的 90°弯头和三通，在埋地槽干管上设检查口井，如图 6.11 所示。

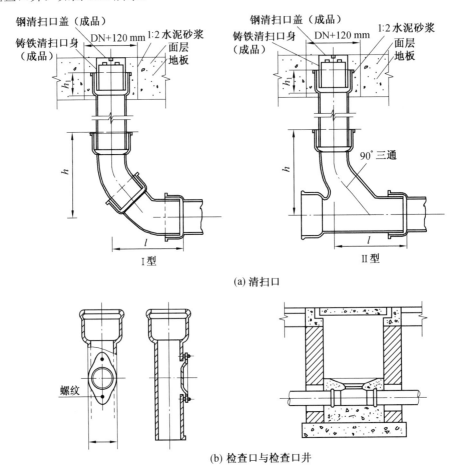

(a) 清扫口

(b) 检查口与检查口井

图 6.11　清通设备

　　d. 提升设备。

　　在地下建筑物的污废水不能自流排至室外检查井时，需设置提升设备。建筑内部污废水提升要点包括：污水泵的选择，污水集水池容积的确定和污水泵房的设计。

　　e. 污水局部处理构筑物。

　　当建筑内部污水未经处理不允许直接排入市政排水管网或水体时，应设污水局部处理构筑物。常见污水局部处理构筑物（图 6.12）有化粪池、隔油井等。

（a）化粪池

（b）隔油井

图 6.12　常见污水局部处理构筑物

f. 通气管道系统。

建筑内部排水管道是水气两相流，一是为防止因气压波动造成水封破坏，使有毒有害气体进入室内；二是为排除管内有毒气体，防止有害气体进入大气中，管道系统不断有新鲜空气注入，减轻废气腐蚀，故需设置通气管道系统。建筑内部污废水排水管道系统按排水立管和通气立管的设置情况分为：单立管排水系统、双立管排水系统、三立管排水系统（图 6.13～图 6.15）。

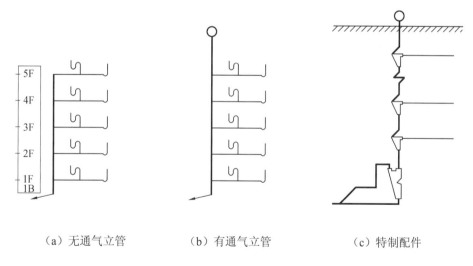

（a）无通气立管　　　　　（b）有通气立管　　　　　（c）特制配件

图 6.13　单立管排水系统示意图

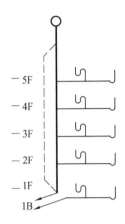
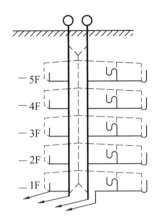

图 6.14 双立管排水系统示意图   图 6.15 三立管排水系统示意图

②排水系统的布置。

室内排水管道的布置，应在保证排水畅通、安全可靠的前提下，兼顾经济、施工、管理、美观等因素。

a. 排水畅通，水力条件好。

使排水管道系统能够将室内产生的污废水以最短的距离、最短的时间排出室外，应采用水力条件好的管件和连接方法。排水支管不宜太长，尽量少转弯，连接的卫生器具不宜太多；立管宜靠近外墙，靠近排水量大、水中杂质多的卫生器具；排出管以最短的距离排出室外，尽量避免在室内转弯。

b. 保证设有排水管道的房间或场所的正常使用。

在某些房间或场所布置排水管道时，要保证这些房间或场所正常使用，如横支管不得穿过有特殊卫生要求的生产厂房、食品及贵重商品仓库、通风小室和变电室；不得布置在遇水易引起燃烧、爆炸或损坏的原料、产品和设备上面，也不得布置在食堂、饮食业的主副食操作烹调场所的上方。

c. 保证排水管道不受损坏。

为安全可靠地使用排水系统，必须保证排水管道不会受到腐蚀、外力、热烤等破坏。如管道不得穿过沉降缝、烟道、风道；管道穿过承重墙和基础时应预留洞；埋地管不得布置在可能受重物压坏处或穿越生产设备基础；湿陷性黄土地区横干管应设在地沟内；排水立管应采用柔性接口；塑料排水管道应远离温度高的设备和装置，在汇合配件（如三通）处设置伸缩节等。

d. 不影响室内环境卫生条件。

创造安全、卫生、舒适、安静、美观的生活及生产环境，管道不得穿越卧室、病房等对卫生、安静要求较高的房间，并不宜靠近与卧室相邻的内墙；商品住宅卫生间的卫生器具排水管不宜穿越楼板进入他户；建筑层数较多，底层横支管与立管连接处至立管底部的距离小于表 6.2 规定的最小垂直距离时，底部支管应单独排出。

表 6.2　最低层横支管接入处至立管底部排出管的最小垂直距离

立管连接卫生器具的层数/层	≤4	>5
最小垂直距离/m	0.45	0.75

e. 施工安装、维护管理方便。

为便于施工安装，管道距楼板和墙应有一定的距离。为便于日常维护管理，排水立管宜靠近外墙，以减少埋地横干管的长度。由于废水含有大量的悬浮物或沉淀物，故管道需要经常冲洗，排水支管较多，排水点位置不固定的公共餐饮业的厨房、公共浴池、洗衣房、生产车间可以用排水沟代替排水管。

排水立管顶端应设伸顶通气管，其顶端应装设风帽或网罩，避免杂物落入排水立管。伸顶通气管的设置高度与周围环境、气象条件、屋面使用情况有关，伸顶通气管高出屋面 0.3 m 以上，但应大于该地区最大积雪厚度；屋顶有人停留时，高度应大于 2.0 m；若在通气管口周围 4 m 以内有门窗，通气管口应高出窗顶 0.6 m 或引向无门窗一侧；通气管口不宜设在建筑物挑出部分（如屋檐檐口、阳台和雨篷等）的下面。

（3）热水供应。

热水供应主要是将冷水在加热设备（锅炉或水加热器）内集中加热，用管道输送到室内各用水点，以满足生产和生活中使用热水的需要。关于热水供应部分可参考室内给水系统部分的介绍。

室内排水系统水力计算的目的是确定排水系统各管段的管径、横向管道的坡度、通气管的管径和各控制点的标高。为满足技术经济性，首先计算排水量，然后选择管径、坡度等相关参数。

（4）屋面排水。

降落在建筑物屋面的雨水和雪水，特别是暴雨，在短时间内会形成积水，需要设置屋面排水系统，有组织、有系统地将屋面雨水及时排除到室外，否则会造成四处溢流或屋面漏水，影响人们的生活和生产活动。因雨水管网内水流具有重力——压力流特性，且大气降水具有不可控制性，其构造与建筑内部排水构造不尽相同。而屋面雨水排水系统应根据建筑物的类型及结构形式、屋面面积大小、当地气候条件及生产生活的要求，经过技术经济比较来选择排除方式。

①屋面排水系统的分类与组成。

屋面排水系统的分类与管道的设置、管内压力、水流状态和屋面排水条件等有关。

　　按建筑物内部是否有雨水管道，屋面排水系统分为两类：内排水系统和外排水系统。建筑物内部设有雨水管道，屋面设雨水斗为内排水系统，否则为外排水系统。布置形式如图 6.16 所示。

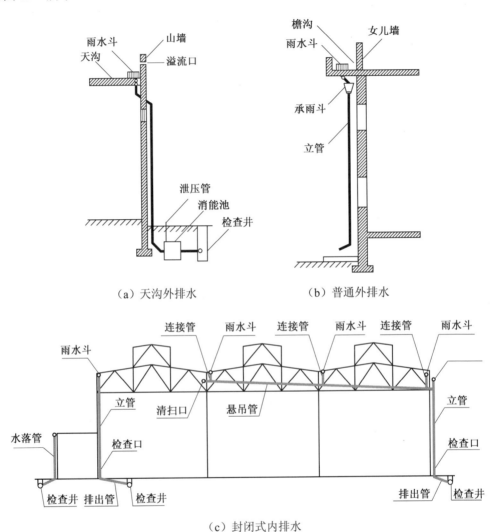

（a）天沟外排水　　　　　　　　（b）普通外排水

（c）封闭式内排水

图 6.16　外排水、内排水系统示意图

　　按雨水在管道内的流态，屋面排水系统分为重力无压流排水系统、重力半有压流排水系统和压力流排水系统三类。重力无压流中雨水通过自由堰流入管道，在重力作用下附壁流动，管内压力正常，这种系统也称为堰流斗系统。重力半有压流排水系统的管内气水混合，在重力和负压抽吸双重作用下流动，这种系统也称为 87 雨水斗系统。压力流排水系统的管内充满雨水，主要在负压抽吸作用下流动，这种系统也称为虹吸式系统。不同的雨水斗如图 6.17 所示。

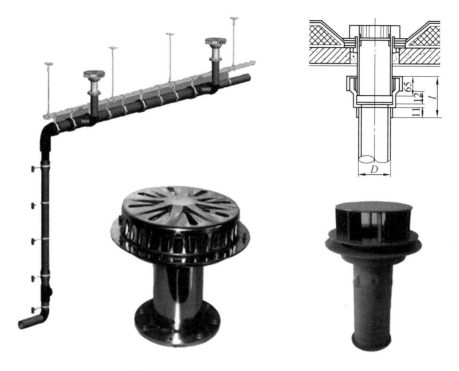

（a）虹吸式雨水斗　　　　　　　（b）87 式雨水斗

图 6.17　压力式、半压力式雨水斗（单位：mm）

　　按屋面的排水条件，屋面排水系统分为檐沟排水系统、天沟排水系统和无沟排水系统。当建筑屋面面积较小时，在屋檐下设置汇集屋面雨水的沟槽，该系统称为檐沟排水系统。在面积大且曲折的建筑物屋面设置汇集屋面雨水的沟槽，将雨水排至建筑物的两侧，该系统称为天沟排水系统（天沟外排水平面示意图如图 6.18 所示）。降落到屋面的雨水沿屋面径流，直接流入雨水管道，该系统称为无沟排水系统。

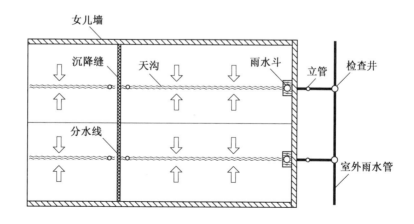

图 6.18　天沟外排水平面示意图

按出户埋地横干管是否有自由水面,屋面排水系统分为敞开式排水系统和密闭式排水系统两类。敞开式排水系统是非满流的重力排水,管内有自由水面,连接埋地干管的检查井是普通检查井。该系统可接纳生产废水,省去生产废水埋地管,但是暴雨时会出现检查井冒水现象,雨水漫流室内地面,造成危害。密闭式排水系统是满流压力排水,连接埋地干管的检查井内用密闭的三通连接,室内不会发生冒水现象。但密闭式排水系统不能接纳生产废水,需另设生产废水排水系统。

②屋面排水系统的选择。

选择建筑物屋面排水系统时应根据建筑物的类型、建筑结构形式、屋面面积、当地气候条件以及生活生产要求,经过技术经济比较,本着既安全又经济的原则。安全的含义是指能迅速、及时地将屋面雨水排至室外,屋面溢水频率低,室内管道不漏水,地面不冒水。为此,密闭式排水系统优于敞开式排水系统,外排水系统优于内排水系统,堰流斗重力流排水系统的安全可靠性最差。经济是指在满足安全的前提下,系统的造价低,寿命长。虹吸式系统泄流量大、管径小、造价最低,87斗重力流系统次之,堰流斗重力流系统管径最大、造价最高。

③屋面排水系统的计算。

通过屋面排水系统的计算主要可确定所选系统中各个组成部分的规格、数量,使得系统安全经济。在计算中首先需确定屋面排水系统雨水量,而在水量计算中涉及三个相关要素:该地暴雨强度 q、汇水面积 F 以及径流系数 Ψ。

暴雨强度公式中有设计重现期 P 和屋面集水时间 t 两个参数。设计重现期应根据建筑物的重要程度、气象特征确定,一般性建筑物取 2~5 年,重要公共建筑物不小于 10 年。由于屋面面积较小,屋面集水时间应较短,因为我国推导的暴雨强度公式实测降雨资料的最小时段为 5 min,所以屋面集水时间按 5 min 计算。

屋面雨水汇水面积较小,一般按 m^2 计。对于有一定坡度的屋面,汇水面积不按实际面积而是按水平投影面积计算。

屋面径流系数一般取 $\Psi=0.9$。

当水量计算完成后,根据计算水量及所选系统的形式确定雨水斗数量及雨水管道的管径。

2. 建筑消防

消防有室外、室内之分。虽然两者在消防用水量的贮存、消防水压的保证等方面关系密切,但不宜分别列入建筑内部给水和建筑小区给水,因而合并为独立的建筑消防给水。除了以水作为主要灭火介质以外,还有蒸汽、二氧化碳、卤代烷气体、泡沫、干粉等灭火介质。

目前，建筑消防已慢慢形成一门独立专业。在建筑给排水中主要介绍室内消防及小区消防系统的设置，对消防系统主要介绍内容如下。

（1）消火栓给水系统。

①消防给水设置范围。

在《消防给水及消火栓系统技术规范》（GB 50974—2014）中规定：在室内环境温度不低于 4 ℃，且不高于 70 ℃的场所，应采用湿式室内消火栓系统；在室内环境温度低于 4 ℃或高于 70 ℃的场所，宜采用干式消火栓系统且干式消火栓系统的充水时间不应大于 5 min。室内消火栓的选型应根据使用者、火灾危险性、火灾类型和灭火功能等因素综合确定。同样，对于消火栓的设置与否，在规范中也做了相关规定，设置原则如下。

应设室内消防给水的建筑物有：

a. 建筑占地面积大于 300 m^2 的厂房和仓库。

b. 高层公共建筑和建筑高度大于 21 m 的住宅建筑。

c. 体积大于 5 000 m^3 的车站、码头、机场的候车（船、机）建筑、展览建筑、商店建筑、旅馆建筑、医疗建筑和图书馆建筑等单、多层建筑。

d. 特等、甲等剧场，超过 800 个座位的其他等级的剧场和电影院等，以及超过 1 200 个座位的礼堂、体育馆等单、多层建筑。

e. 建筑高度大于 15 m 或体积大于 10 000 m^3 的办公建筑、教学建筑和其他单、多层民用建筑。

f. 国家级文物保护单位的重点砖木或木结构的古建筑。

g. 人员密集的公共建筑、建筑高度大于 100 m 的一般建筑和建筑面积大于 200 m^2 的商业服务网点内应设置消防软管卷盘或轻便消防水龙。高层住宅建筑的户内宜配置轻便消防水龙。

下列建筑或场所可不设置室内消火栓系统，但宜设置消防软管卷盘或轻便消防水龙：

a. 耐火等级为一、二级且可燃物较少的单、多层丁、戊类厂房（仓库）。

b. 耐火等级为三、四级且建筑体积不大于 3 000 m^3 的丁类厂房；耐火等级为三、四级且建筑体积不大于 5 000 m^3 的戊类厂房（仓库）。

c. 粮食仓库、金库、远离城镇且无人值班的独立建筑。

d. 存有与水接触能引起燃烧、爆炸的物品的建筑。

e. 室内无生产、生活给水管道，室外消防用水取自蓄水池且建筑体积不大于 5 000 m^3 的其他建筑。

②消防水源。

a. 市政消防管网。

一般采用低压给水系统,消防时的最不利点的水头为大于等于 10 m H₂O,市政管网除供给生活用水外,还要确保消防所需水量。

b. 天然水源。

当建筑物靠近江、河、湖泊等天然水源时,可采用,但必须采取措施保证取水。

c. 消防水池。

设置消防水池的条件:市政给水管道和进水管道或天然水源不能满足消防用水量;市政给水管道为支状或建筑物只有一条进水管并且用水量超过 251 L/s 时。消防水池的设置应满足:消防水池的容积应满足在火灾延续时间内室内消防用水量和室外消防用水量之和;居住区、工厂和丁、戊类仓库按 2 h 计算,甲、乙、丙类仓库按 3 h 计算,露天堆场按 6 h 计算;消防水池容积超过 1 000 m³ 时,应分两个;消防水池的补水时间不超 48 h;消防水池的吸水高度不超 6 m,半径不超 150 m;供消防车取水的水池取水口与建筑物的距离不超过 40 m。

③消火栓给水系统的组成与供水方式。

消火栓给水系统的组成如图 6.19 所示。

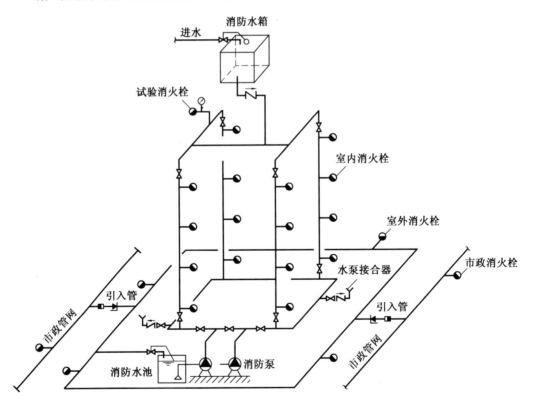

(a)消防水池与水箱联合供水方式

图 6.19　消火栓给水系统组成示意图

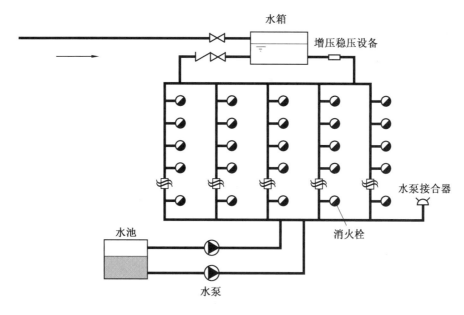

（b）稳压泵与水箱联合供水方式

续图 6.19

a. 消火栓设备。

消火栓设备由水枪、水带、消火栓组成，均安装在消火栓箱内，如图 6.20 所示。

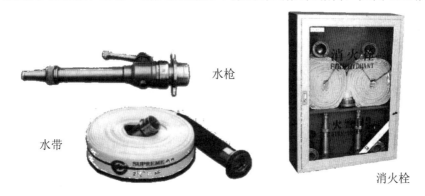

图 6.20　消火栓设备组成

b. 水泵接合器。

水泵接合器是连接消防车与室内给水管网，向室内给水管网补充水量和水压的装置，一端由消防给水管网水平干管引出，另一端设于消防车易于接近的地方。设置形式分为地上、地下、墙壁式三种，如图 6.21 所示。

图 6.21　三种水泵接合器

c. 消防管道。

消防管道包括引入管、消防干管、消防立管及相应阀门等。建筑物内消防管道是与其他给水系统合并还是独立设置，应根据建筑物的性质和使用要求经技术经济比较后确定。

d. 消防水池。

消防水池用于无室外消防水源情况下，贮存火灾持续时间内的室内消防用水量。消防水池可设于室外地下或地面上，也可设在室内地下室，或与室内游泳池、水景水池兼用。

e. 消防水箱。

消防水箱对扑救初期或起重要作用。为确保其自动供水的可靠性，应采用重力自流供水方式；消防水箱宜与生活（或生产）高位水箱合用，以保持箱内贮水经常流动，防止水质变坏；水箱的安装高度应满足室内最不利点消火栓所需的水压要求，且应储存有室内消防 10 min 的消防水量。

f. 消防水泵。

消防水泵能够保证消防时所需要的压力。

④消火栓给水系统的供水方式。

a. 无加压泵和水箱的室内消火栓系统（图 6.22）：当室外给水管网提供的水量和水压，在任何时候均能满足室内消火栓给水系统所需的水量、水压要求时采用。

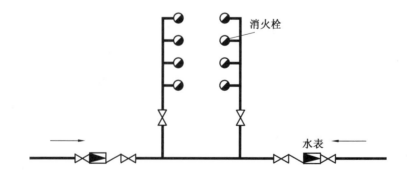

图 6.22　无加压泵和水箱的室内消火栓系统示意图

b. 设有水箱的室内消火栓给水系统(图 6.23)：常用在水压变化较大的城市和居住区，当生活、生产用水量达到最大时，室外管网不能保证室内消防的压力要求，而当生活、生产用水量较小时，室外管网的压力又较大，能向高位水箱补水，因此常设水箱调节生活、生产用水量，同时贮存 10 min 的消防用水量。在火灾初期，由水箱向消火栓给水系统供水；随着火灾延续，可由室外消防车通过水泵接合器向消火栓给水系统加压供水。

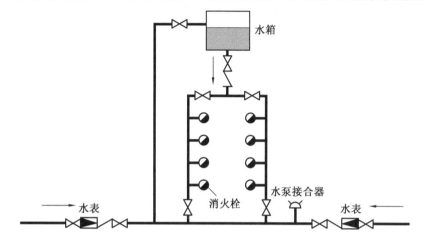

图 6.23　设有水箱的室内消火栓给水系统示意图

c. 设置消防泵、水箱的室内消火栓给水系统（图 6.24）：当外管网压力经常不满足室内消火栓给水系统的水量和水压要求时，设置水泵和水箱。

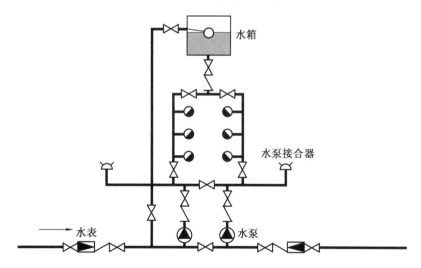

图 6.24　设置消防泵、水箱的室内消火栓给水系统示意图

d. 设水池、水泵的消防栓给水系统（图 6.25）：当室外给水管网的水压经常不能满足室内供水所需时采用此种方式。水泵从贮水池抽水，与室外给水管网间接连接，可避免水泵与室外给水管网直接连接的弊病。当外网压力足够大时，也可由外网直接供水。

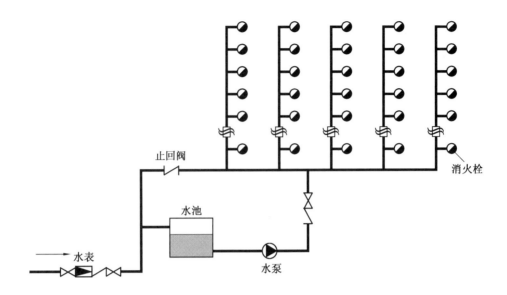

图 6.25 设水泵、水池的消火栓给水系统示意图

e. 设水泵、水池、水箱的消火栓给水系统：当外网经常不能满足建筑物消火栓系统的水压、水量要求，也不能确保向高位水箱供水时；当系统需外援供水，需借助室外消防车经水泵接合器向建筑消火栓给水系统加压供水时；当室外给水管网为枝状或只有一条进水管时，应考虑设置设水泵、水池、水箱的消火栓给水方式。室外给水管网供水至贮水池，由水泵从水池吸水送至水箱，箱内贮存 10 min 消防用水量。在火灾初期，由水箱向消火栓给水系统供水；随着火灾持续，水泵启动，水泵从水池吸水，由水泵供水灭火。

⑤消火栓给水系统的布置。

消火栓的布置：

a. 应设消防给水的建筑物，其各层均应设置消火栓。

b. 室内消火栓的布置，应保证有一支或两支水枪的充实水柱能同时到达室内任何部位。

c. 室内消火栓应设在明显易于取用地点。栓口离地面高度为 1.1 m。

d. 冷库内的消火栓应设在常温堂或楼梯间内。

e. 同一建筑物采用统一规格的消火栓、水枪、水带，水带长不大于 25 m。

f. 消防水箱不能满足最不利点的水压要求时，应在每个室内消火栓处设置直接启动消防水泵的按钮，并应有保护措施。

g. 在建筑物顶应设一个消火栓，以利于消防人员经常检查消防给水系统是否能正常运行，同时还能起到保护本建筑物免受邻近建筑火灾的波及。

消防给水管道的布置：

a. 建筑物内的消防给水系统与其他给水系统合并还是单独设置，应根据建筑物的性质和使用要求经技术和经济比较后确定；

b. 室内消火栓大于 10 个且室外消防用水量大于 15 L/s 时，室内消防给水管道至少应设置 2 条引入管与室外环状给水管网连接，并将室内管道连成环状或与室外管道连成环状。

c. 7～9 层的单元住宅，室内消防给水管道可为支状，进水管采用 1 条。

d. 对于塔式和通廊式住宅，体积大于 10 000 m³ 的其他民用住宅、厂房和多于 4 层的库房，消防立管多于 2 条时，应为环状。

e. 阀门的设置应便于维修和使用安全，检修关闭后，停止使用的消防立管不多于 1 根，停止使用的消火栓不多于 5 个。

f. 超过 4 层的厂房、设有消防管网的住宅及超过 5 层的其他民用住宅，其室内管网应接水泵接合器，距接合器 15～40 m 内有室外消火栓或消防水池。

⑥室内消火栓给水系统的水力计算。

室内消火栓给水系统的水力计算是在绘制了室内消防给水管道平面图、系统图之后进行的。其主要任务是确定管道的管径、系统所需的水压及选定各种消防设备。

a. 室内消防用水量。

消火栓用水量应根据建筑物类型、规模、高度、结构、耐火等级，按同时使用的水枪数量和充实水柱长度，由计算确定。但不能小于《消防给水及消火栓系统技术规范》（GB 50974—2014）的规定。比如：7～9 层住宅，要求消火栓的用水量不小于 5 L/s，同时使用水枪数量为 2 支，每支水枪最小流量为 2.5 L/s，每根立管的最小流量 5 L/s。

b. 灭火初期用消防储存水量。

室内消防水箱应储存 10 min 的消防用水。当室内消防用水不超过 15 L/s 时，水箱容积可按 6 m³ 计算；当室内消防用水在 15～25 L/s 之间时，水箱容积可按 12 m³ 计算，当室内消防用水超过 25 L/s 时，水箱容积可按 18 m³ 计算。

c. 室内消防水压。

消火栓水枪充实水柱的长度不小于 7 m，但甲乙类厂房、超过 6 层的民用建筑、超过 4 层的厂房和库房内，水枪充实水栓的长度不小于 10 m。

消火栓口处的静水压力不应超过 80 m H₂O；当超过 80 mH₂O 时应采取分区措施。出口压力如超过 50 mH₂O，则应采取减压措施。

（2）自动喷水灭火系统。

自动喷水灭火系统是一种在发生火灾时，能自动打开喷头喷水灭火并同时发出火警信号的消防灭火设施。自动喷水灭火系统的特征是通过加压设备将水送入管网至带有热敏元件的喷头处，喷头在火灾的热环境中自动开启洒水灭火。通常喷头下方的覆盖面积大约为 12 m^2。自动喷水灭火系统扑灭初期火灾的效率在 97% 以上。

①自动喷水灭火系统的分类。

a. 闭式自动喷水灭火系统。

闭式自动喷水灭火系统是指管网系统中喷头常闭。根据管网中是否充水，其又可分为：湿式自动喷水灭火系统、干式自动喷水灭火系统、干湿式自动喷水灭火系统、预作用自动喷水灭火系统、重复启闭预作用灭火系统、自动喷水-泡沫连用灭火系统。

b. 开式自动喷水灭火系统。

开式自动喷水灭火系统是指喷头为常开的消防系统。根据喷头的形式及布置方式，其可分为雨淋喷水灭火系统、水幕系统、水喷雾灭火系统。

②自动喷水灭火系统的特点。

a. 湿式自动喷水灭火系统的特点。

湿式自动喷水灭火系统为喷头常闭的灭火系统，管网中充满有压水，当建筑物发生火灾，火点温度达到开启闭式喷头的温度时，喷头出水灭火。该系统灭火及时扑救效率高；但由于管网中充有有压水，当渗漏时会损毁建筑装饰和影响建筑的使用。该系统只适用于环境温度 4 ℃< t <70 ℃的建筑物。湿式自动喷水灭火系统的工作原理如图 6.26 所示。

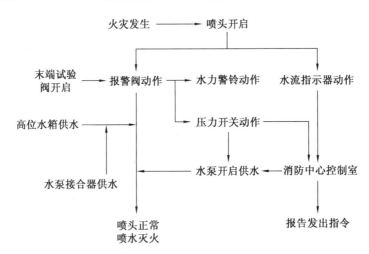

图 6.26　湿式自动喷水灭火系统的工作原理示意图

湿式自动喷水灭火系统主要部件见表 6.3。

表 6.3　湿式自动喷水灭火系统主要部件

名称	用途	名称	用途
高位水箱	储存初期火灾用水	压力开关	自动报警或自动控制
水力警铃	发出音响报警信号	感烟探测器	感知火灾,自动报警
湿式报警阀	系统控制阀,输出报警水流	延迟器	克服水压液动引起的误报警
消防水泵接合器	消防车供水口	消防安全指示阀	显示阀门启闭状态
控制箱	接收电信号并发出指令	放水阀	试警铃阀
压力罐	自动启闭消防水泵	放水阀	检修系统时,放空用
消防水泵	专用消防增压泵	排水漏斗(或管)	排走系统出水
进水管	水源管	压力表	指示系统压力
排水管	末端试水装置排水	节流孔板	减压
末端试水装置	试验系统功能	水表	计量末端试验装置出水量
闭式喷头	感知火灾,出水灭火	过滤器	过滤水中杂质
水流指示器	输出电信号,指示火灾区域	自动排气阀	自动排出系统集聚的气体
水池	储存 1 h 火灾用水		

b. 干式自动喷水灭火系统的特点。

干式自动喷水灭火系统为喷头常闭的灭火系统,管网中平时不充水,充有有压空气(或氮气)。当建筑物发生火灾,火点温度达到开启闭式喷头时,喷头开启排气,充水灭火。因为该系统的管网中平时不充水,故对建筑物装饰无影响;该系统对环境温度也无要求,适用于采暖期长而建筑内无采暖的场所;但该系统灭火时需先排气,故喷头出水灭火不如湿式自动喷水灭火系统及时。干式自动喷水灭火系统的工作原理如图 6.27 所示。

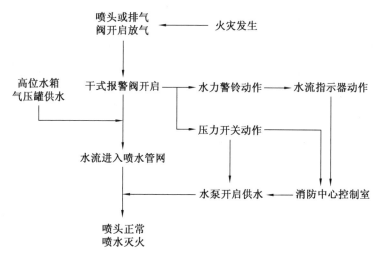

图 6.27　干式自动喷水灭火系统的工作原理示意图

干式自动喷水灭火系统主要部件见表 6.4。

表 6.4　干式自动喷水灭火系统主要部件

名称	用途	名称	用途
高位水箱	储存初期火灾用水	压力开关	自动报警或自动控制
水力警铃	发出音响报警信号	火灾探测器	感知火灾，自动报警
干式报警阀	系统控制，输出报警水流	过滤器	过滤水中杂质
消防水泵接合器	消防车供水口	消防安全指示阀	显示阀门启闭状态
控制箱	接收电信号并发出指令	截止阀	试警铃阀
空压机	供给系统压缩空气	放空阀	检修系统时，放空用
消防水泵	专用消防增压泵	排水漏斗	排走系统出水
进水管	水源管	压力表	指示系统压力
排水管	末端试水装置排水	节流孔板	减压
末端试水装置	试验系统功能	水表	计量末端试验装置出水量
闭式喷头	感知火灾，出水灭火	安全阀	防止系统超压
水流指示器	输出电信号，指示火灾区域	排气阀	自动排出系统集聚的气体
水池	储存 1 h 火灾用水	加速器	加速排除系统内的压缩空气

c. 预作用自动喷水灭火系统的特点。

预作用自动喷水灭火系统为喷头常闭的灭火系统，管网中平时不充水。发生火灾时，火灾探测器报警，自动控制系统控制阀门排气、充水，由干式系统变为湿式系统。只有当着火点温度达到开启闭式喷头时，才开始喷水灭火。

预作用自动喷水灭火系统的优点：同时具备干式喷水灭火系统和湿式喷水灭火系统的优点；克服了干式喷水灭火系统控火、灭火率低，湿式系统产生水渍的缺陷，可以代替干式系统提高灭火速度，也可代替湿式系统用于管道和喷头易于被损坏而产生喷水和漏水，造成严重水渍的场所；还可用于对自动喷水灭火系统安全要求较高的建筑物中。

d. 雨淋喷水灭火系统的特点。

雨淋喷水灭火系统为喷头常开的灭火系统，当建筑物发生火灾时，由自动控制装置打开集中控制闸门，使整个保护区域所有喷头喷水灭火，形似自然降水。雨淋喷水灭火系统出水量大，灭火及时，适用场所包括：火灾的水平蔓延速度快、闭式喷头的开放不能及时使喷水有效覆盖着火区域的场所或部位；内部容纳物品的顶部与顶板或吊顶的净距大，发生火灾时能驱动火灾自动报警系统，而不易迅速驱动喷头开放的场所或部位；严重 II 级场所。

e. 水幕系统的特点。

水幕系统喷头沿线状布置，发生火灾时主要起阻火、冷却、隔离作用。

适用场所：需防火隔离的开口部位，如舞台与观众之间的隔离水帘；消防防火卷帘的冷却等。

f. 水喷雾灭火系统的特点。

水喷雾灭火系统是一种固定式自动灭火系统类型，是在自动喷水灭火系统的基础上发展起来的。

灭火原理：该系统采用喷雾喷头，把水粉碎成细小的水雾滴之后喷射到正在燃烧的物质表面，通过冷却、窒息以及乳化、稀释的同时作用实现灭火。水雾自身具有电绝缘性能，可安全地用于电气火灾的扑救。

③自动喷水灭火系统的组成及设置。

自动喷水灭火系统由水源、加压贮水设备、喷头、管网、报警装置等组成。

a. 喷头。

喷头有闭式喷头、开式喷头两种，闭式喷头喷口用由热敏元件组成的释放机构封闭，当达到一定温度时能自动开启，如玻璃球爆炸、易熔合金脱离。其构造按溅水盘的形式和安装位置有直立型、下垂型、边墙型、普通型、吊顶型和干式下垂型洒水喷头之分。

b. 报警阀。

报警阀（图 6.28）作用：开启和关闭管网的水流，传递控制信号至控制系统并启动水力警铃直接报警。报警阀有湿式、干式、干湿式和雨淋式 4 种类型。

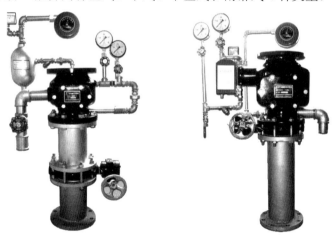

图 6.28　湿式报警阀及雨淋报警阀

c. 水流报警装置。

水流报警装置主要有水力警铃、水流指示器和压力开关，如图 6.29 所示。水力警铃主要用于湿式喷水灭火系统，当报警阀打开消防水源后，具有一定压力的水流冲动叶轮打铃报警。水力警铃不得由电动报警装置取代。水流指示器是指当某个喷头开启喷水或管网发生水量泄漏时，管道中的水产生流动，引起水流指示器中桨片随水流而动作；接通延时电路后，继电器触电吸合发出区域水流电信号，送至消防控制室。而压力开关在水力警铃报警的同时，依靠警铃管内水压的升高自动接通电触点，完成电动警铃报警，向消防控制室传送电信号或启动消防水泵。

（a）水力警铃节　　　　　（b）水流指示器　　　　　（c）压力开关

图 6.29　水流报警装置

d. 延迟器。

延迟器（图 6.30）是一个罐式容器，安装于报警阀与水力警铃（或压力开关）之间，用于防止由于水压波动引起报警阀开启而导致的误报。开启报警阀，水流需经 30 s 左右充满延迟器后方可冲打水力警铃。

e. 火灾探测器。

火灾探测器是自动喷水灭火系统的重要组成部分，目前常用的有感烟及感温探测器，如图 6.31 所示。感烟探测器利用火灾发生地点的烟雾浓度进行探测；感温探测器通过火灾引起的温升进行探测。火灾探测器布置在房间或走廊的天花板下面，其数量应根据其保护面积和探测区面积计算而定。

（a）感烟探测器　　　　　（b）感温探测器

图 6.30　延迟器　　　　　　　图 6.31　感烟及感温探测器

④水力计算。

自动喷水灭火系统设计的基本参数（如持续喷水时间）应按《自动喷水灭火系统》系列规范（GB 5135—2019）的规定选取，应按火灾持续时间不小于 1 h 确定。

自动喷水灭火系统的水力计算内容主要包括防用水量及水压、管网的水力计算。计算目的就是确定在满足用户消防用水的前提下系统的规模，做到安全经济。

3. 建筑小区给水排水

建筑小区给水排水介于建筑内部给水排水和城镇给水排水之间，从某种意义上，建筑小区既是单幢建筑的扩大，又是城镇的缩小，建筑小区与单幢建筑物、城镇之间既有相同及相通之处，又有区别。将建筑小区给水排水划归建筑给水排水，有利于结束小区给水排水技术工作不统一、无章可循的局面。居住小区的给水排水工程设计，既不同于建筑给水排水工程设计，也有别于室外城市给水排水工程设计。居住小区给水排水管道是建筑给水排水管道和市政给水排水管道的过渡管段，其水量、水质特征及变化规律与其服务范围、地域特征有关。小区给水排水设计流量与建筑内部和室外城市给水排水设计流量计算方法均不相同。

居住小区的给水排水工程包括居住小区给水工程（含给水水源、给水净化、给水管网、小区消防给水、其他公共给水），排水工程（含生活污水管道、雨水管道、小区污水处理）以及小区中水工程；特定情况下，还包括小区热水供应系统、小区直饮水供应系统、小区环保工程供水系统（小区废气、固废治理工程用水）。

4. 建筑水处理

建筑水处理系指与建筑密切相关，以生活用水和生活污水、废水为主要处理对象的水处理，具有规模小、就近设置、局部处理等特点。它既不完全属于建筑内部给水排水，也不完全属于建筑小区给水排水。

按处理性质，建筑水处理可分为建筑给水处理、建筑污水处理、建筑中水处理和建筑循环水处理。已纳入《建筑给水排水设计规范》（GB 50015—2019）的有局部污水处理（化粪池、隔油池、降温池）；医院污水处理；游泳池和喷水池水循环处理；热水供应水质软化处理等，均属于建筑水处理范畴。

从处理方法看，建筑水处理和工业水处理、城镇水处理在处理流程、处理构筑物设置等方面有不少共同之处，它们之间的主要区别在于处理对象、处理规模、处理目的、处理地点和处理深度的不同。

5. 特殊建筑给水排水

特殊建筑给水排水，有的因地区特殊，如地震区、永冻区、湿陷性黄土区等；有的建筑用途特殊，如大会堂、体育建筑、以水为主的景观建筑、人防建筑；有的因水质标准特殊，如游泳池；有的因使用方式特殊，如循环处理。其处理要根据实际情况具体分析。

6.3　建筑给水排水工程课程的能力要求

在上述内容中可以看到，建筑给排水主要侧重对工程技能的掌握和应用，包括对工程系统的组成和设计规范的理解、对设计方法的熟练应用、绘图能力及对工程施工知识的掌握等内容。**面向未来的建筑给水排水技术发展需要，本课程重点研究给水卫生、热水舒适、排水安全、消防可靠等问题。**工程教育的目的不仅仅是培养具有一定实践能力的建筑给水排水技术人才，同样还应培养其创新能力。对于应用型创新，主要体现在以下几点。

6.3.1　应用已学理论分析并解决问题的能力

建筑给水排水工程并不是一门独立的课程，而是以工程制图、建筑概论、水力学、化学、工程力学等基础课为支撑，与管道工程、泵与泵站、水工程施工、暖卫工程施工、水质工程学等专业课程相关联，以建筑给排水设计规范、水暖安装施工验收规范建筑防火规范为指导。在学习及工程实践中不仅仅要能够根据工程概况提出相应问题的解决方案，而且要准确地掌握工程原则，全面了解工程系统的操作、设计、管理及评估，并对工程有深刻理解和认识，这样才能够应用科学的方法，提出解决工程问题的最佳方案。

6.3.2　运用所学进行实践的能力

本课程是一门应用型专业课，从中可学会工程设计的思路与工程图纸的表达。设计能力是本课程学习中必备的能力，除了设计计算正确，还要能够正确表达图纸、避免出现管道碰撞，并能够解决施工过程中的相应问题。

除学会设计之外，更重要的是在此过程中学会工程识图。识图能力不但是设计的基础需要，同时也是同学们进入施工单位的必备技能，也是对建筑给水排水进行维护管理的基本技能。具备了较强的识图能力，不但能从事本专业的施工识图，对于其他专业的图纸也很快能熟悉起来。

本 章 习 题

1. 建筑给排水包含哪些内容？

2. 室内给水系统的组成及供水方式有哪些？常见的是哪一种？

3. 室内排水系统中用于清通的附件有哪些？常见的卫生间反味原因是什么？

4. 室内消防系统的常见形式有哪些？

5. 常见的屋面雨水排放系统有哪些？

第 7 章　水质工程学（Ⅰ）课程内容

在"给水排水工程"专业名称更名为"给排水科学与工程"之前，水质工程学（Ⅰ）的原课程名称为"给水处理"。从内容上来说，"给水处理"更能明确地体现出课程的性质和研究方向。

7.1　给排水科学与工程专业中给水系统的地位

水质工程学（Ⅰ）课程是给排水科学与工程专业给水方向课程的最重要的核心专业课程，也就是我们常说的自来水厂（净水厂、给水处理厂）方面的专业知识理论和设计计算方面的课程。在城市供水体系中，水量、水质、水压为最核心的三个要素，其中水质工程学（Ⅰ）重点解决水质问题。

7.1.1　水源水污染严重的现状需要给水处理工程

水是人类发展的基本资源。古时，受制于水源的水量和水质，导致城市规模不可能过大，但即使这样，由于人口的逐渐增加和污染的出现，仍出现了大量的水质问题，例如，横行欧洲中世纪的黑死病与水源污染息息相关。我国文明进程受水源的影响也非常大，如楼兰古国的消亡等事件。

而近现代，发生在世界上的水环境污染事件层出不穷，污染也愈来愈严重（图7.1），比如 20 世纪 50 年代发生在日本水俣镇，由汞污染导致的水俣病事件；2005 年 11 月 13 日吉林石化公司双苯厂发生爆炸，硝基苯污染松花江造成的饮用水污染事件；2017 年 5 月 5 日嘉陵江西湾水厂水源地水质铊元素水污染事件等。最早的英国伦敦泰晤士河采用慢滤的净水技术水平，已经远远不能适应当前的供水安全要求了。因此，城市供水系统在向城市管道系统供水之前，必须经过严格的水处理工序，达到饮用标准后方可供给。

图 7.1　饮用水源污染现状

7.1.2　给水处理工程是城市给水系统必不可少的环节

1. 城市水循环及给水系统组成

城市给水系统主要由取水、输配水、净水厂以及相关附属设施、设备所组成，是为满足城乡居民及工业生产等用水需要而建造的工程设施。它的任务是从水源地取水（取水工程：取水构筑物、取水泵站），经过系列的工序净化并达到所要求的水质标准后（给水处理工程：城镇净水处理厂、小型净水设备），经输配水系统送往用户（给水管道系统，城市给水泵站），如图 7.2 所示。

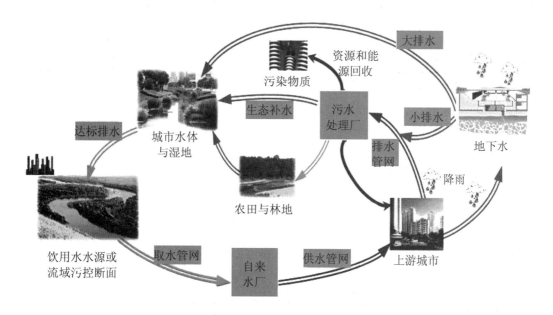

图 7.2　城市水循环及给水系统组成

2. 取水工程是给水处理工程的源头工程

取水工程是给排水科学与工程专业中"水资源利用与保护"课程的中重要内容，也是给排水科学与工程专业一个很重要的专业课程，是给水处理工程的源头工程，其内容是解决水源的选择和保护，其工程内容包含取水设施、泵房及相关附属设施等。此部分内容已在本书的第 5 章介绍。

3. 给水管道系统是重要的衔接配套工程

给水管道系统主要是指配水管网及其附属设施。在配水过程中水沿管道流行方向不断被使用，输配水过程不但要满足用水的水量需求，还要满足水压需求，同时应保证水质在这一过程中不被污染（图 7.3）。此部分内容，在给排水科学与工程专业的"给排水管网系统"课程中有专门介绍，是必学的一门专业课。

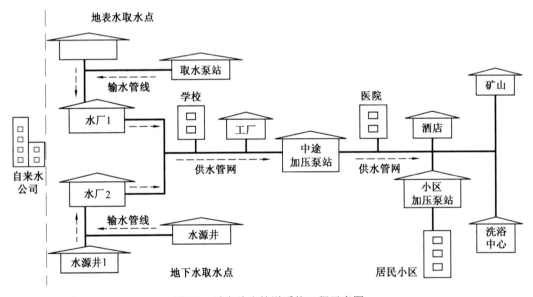

图 7.3　城市给水管道系统工程示意图

4. 给水处理工程是"饮水提升工程"的重要保证

给水处理工程也即净水厂（自来水厂）建设工程（图 7.4），是将取水工程取到的水源水处理成可饮用水的工程，在给排水科学与工程专业"水质工程学（Ⅰ）"课程中主要讲述城市净水厂的处理原理、工艺组成及流程、构筑物的设计计算，以及整个厂区的设计规划等。未来城市供水将持续增长，对于水质和供水设施的需求仍不断增加，现有设施升级改造迫切，急需大量的专业人才，行业整体发展形势良好。

图 7.4　城市给水处理工程——净水厂鸟瞰图

7.1.3　给水处理工程是安全供水系统的重要保障

供水安全是保障城市发展和居民健康的重要基础条件。狭义的安全供水关注水质的安全；广义的安全供水涵盖所有供水环节的安全性和可靠性。

随着我国城市化水平的不断提高，特别是供水的安全可靠需求日益提高，如前文介绍的水俣病汞污染事件、松花江硝基苯污染事件、嘉陵江西湾水厂水源地水质铊元素水污染事件等，一旦发生将严重影响当地的经济发展并造成恶劣的社会影响。

近年来安全供水已经成为各水务公司、供水集团和地方政府的重点关注对象，为此投入了大量的人力物力，使之成为行业发展的热点。给水处理工程在安全供水系统中起重要作用，主要体现在给水处理工程的工艺优化升级，处理过程的优化控制。

7.2　水质工程学（Ⅰ）课程性质、前后衔接及内容

7.2.1　水质工程学（Ⅰ）的课程性质

水质工程学（Ⅰ）是给排水科学与工程专业的核心必修课，学时为 48～56 学时，根据各个学校人才培养特色不同而不同；学分为 3 学分左右，一般开设在大学三年级的下学期，也就是第 6 学期。在此课程理论教学完成之后还开设有 1～2 周的课程设计。

7.2.2　水质工程学（Ⅰ）课程基础及前后衔接

按照本专业的人才培养方案及知识框架构建的要求，在学习水质工程学（Ⅰ）课程之前，必须先学习一些与其相关的基础课程和专业课：高等数学等数学课程、理论力学等力学课程、化学、工程制图、水力学、水泵与水泵站、给排水管道工程等。

在水质工程学（Ⅰ）课程之后，还有些专业课程，如水工程，施工、水质工程学（Ⅲ）、水工艺仪表与控制、给排水工程概预算等，需要以后衔接学习，以进一步提升在水质工程学（Ⅰ）方面的理论知识和技能。

水质工程学（Ⅰ）与水质工程学（Ⅱ）这两门课程在同一学期开设，有很多内容是相互补充的，比如：沉淀、过滤、混凝和絮凝、吸附、消毒、离子交换、滤膜技术等多在水质工程学（Ⅰ）课程中讲述；而辐流沉淀池与固体通量理论、气浮原理与气浮池、活性污泥法、生物膜法、厌氧生物处理法等都在水质工程学（Ⅱ）课程中讲述。

7.2.3　水质工程学（Ⅰ）课程讲述的主要内容

水质工程学（Ⅰ）课程主要介绍给水处理相关工艺的基本理论和基本概念，以及介绍国内外给水工程的新理论、新技术和新设备等方面的知识和内容，在掌握这些理论内容的同时，最主要的是学会净水厂的设计计算，学会构筑物的设计，学会施工及运行管理。

本门课程的最大特点是专业理论与工程实践结合得非常紧密，而且所学习的内容也非常具象。

1. 讲述给水处理工程技术原理

在本课程中，水质工程学（Ⅰ）是介绍有关净水厂，也就是我们常说的自来水厂的工程技术原理内容的课程，是给排水科学与工程专业最主要的专业方向之一。该课程主要讲述：给水处理工程技术原理，构筑物及反应器处理原理和构造，混凝、沉淀、过滤、消毒主要处理原理和方法等相关知识。

我们应该掌握好相应的给水处理的基础知识，为后续进一步学好给水处理原理与技术打下扎实的基础。

2. 讲解给水处理构筑物的设计计算

水质工程学（Ⅰ）是给排水科学与工程专业给水方向的核心课程，除了讲述上述给水处理理论之外，也是一门实践性较强的设计计算课程，除了个别以培养研究型人才为主的学校之外，其余的大部分学校都以给水处理构筑物设计计算为主，也即讲述净水厂给水处理工程中工艺流程的构筑物的设计和计算及细部结构。

本门课程在分述各个给水处理工程技术原理的同时，将每一部分的理论直接应用到相应的设计计算中。

3. 介绍给水处理工程的运行管理

本课程在讲述水处理原理、设计计算的同时，还要讲授水处理单元操作，配合实验、学习、课程设计、毕业专题等教学环节，最终使学生掌握水处理的基本理论与工程技术，为进行水处理工程设计、科学研究和运行管理打下基础。

7.3　水质工程学（Ⅰ）课程所学的设计计算内容

如前所述，水质工程学（Ⅰ）的课程主要通过讲解给水处理的不同工艺，来学习给水处理工程技术原理；通过城市常规给水处理厂的处理构筑物设计、计算和运行管理，来培养设计能力、识图能力和运行管理技能。水质工程学（Ⅰ）主要讲述的内容如下。

7.3.1　城市给水处理厂常规工艺

城市给水处理工程必须依托于源头工程（取水工程）输送过来的水源水（原水）。原水通过进厂的配水井，分配到并行的水处理构筑物或设施中。

1. 城市净水厂的典型工艺流程

具体的工艺流程是：经配水井的原水在进入混凝-絮凝池管道的过程中，与加入的混凝药剂可在工艺中某位置进行混合，混合后的药剂与原水进入混凝-絮凝池，在池内经过充分地混凝、絮凝后进入沉淀池，经过沉淀后的水进入滤池，过滤后的水在进入清水池之前通过管道混合设施加入消毒剂消毒，然后利用二级泵站通过城市给水管网系统输送到用户。这就是城市净水厂的典型工艺流程，具体如图 7.5 所示。

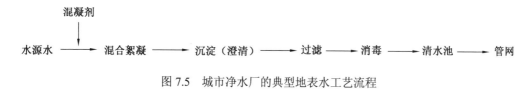

图 7.5　城市净水厂的典型地表水工艺流程

2. 水源水中的铁、锰状态及去除

我国《生活饮用水卫生标准》（GB 5749—2006）中规定，铁的含量（质量浓度）不得超过 0.3 mg/L、锰的含量（质量浓度）不得超过 0.1 mg/L。超过标准规定的原水须经除铁、除锰处理。

（1）地表水的铁、锰状态。

地表水中由于含有丰富的溶解氧，水中铁、锰主要以不溶解的状态存在，故铁、锰含量不高，一般无须进行除铁、除锰处理。

（2）地下水的铁、锰状态。

而在我国，地下水铁、锰含量高的地区分布很广，地下水中铁的质量浓度一般为 5～10 mg/L，锰的质量浓度一般为 0.5～2.0 mg/L。地下水中铁、锰含量高时，会使水产生色、嗅、味，使用不便；用其作为造纸、纺织、化工、食品、制革等生产用水时，会影响产品的质量。

（3）地下水铁、锰的去除。

地下水中的铁、锰主要是以溶解性二价铁离子的形态存在，在水中极不稳定，向水中加入氧化剂后，二价铁、锰迅速被氧化成三价铁，由离子状态转化为絮凝胶体状态，从而能较容易地水中分离出去。

（4）铁、锰去除的常用方法。

常用于地下水除铁、锰的氧化剂有氧、氯和高锰酸钾等，其中以利用空气中的氧气最为方便、经济。利用空气中的氧气进行氧化除铁的方法可分为自然氧化除铁法和接触氧化除铁法两种。

在自然氧化除铁过程中，由于二价铁的氧化速率比较缓慢，所以需要一定的时间才能完成氧化作用，但如果有催化剂存在，可因催化作用大大缩短氧化时间。

接触氧化除铁法就是使含铁地下水经过曝气后不经自然氧化的反应和沉淀设备，立即进入滤池中过滤，利用滤料颗粒表面形成的铁质活性滤膜的接触催化作用，将二价铁氧化成三价铁，并附着在滤料表面上。其特点是催化氧化和截留去除在滤池中一次完成。接触氧化法除铁包括曝气和过滤两个单元。

锰的化学性质与铁相近，常与铁共存于地下水中，但铁的氧化还原电位比锰要低，相同 pH 时二价铁比二价锰的氧化速率快，二价铁的存在会阻碍二价锰的氧化。因此，对于铁、锰共存的地下水，应先除铁再除锰。

含锰地下水曝气后，进入滤池过滤，高价锰的氢氧化物逐渐附着在滤料表面，形成黑色或暗褐色的锰质活性滤膜（称为锰质熟砂），在锰质活性滤膜的催化作用下，水中溶解氧在滤料表面将二价锰氧化成四价锰，并附着在滤料表面上。这种在熟砂接触催化作用下进行的氧化除锰过程称为接触氧化除锰工艺（图 7.6）。

地下水 ——→ 曝气 ——→ 催化氧化过滤 ——→ 出水

图 7.6　城市净水厂的典型地下水接触氧化除锰工艺流程图

7.3.2　水源水中的杂质、颗粒及混凝-絮凝机理

自药剂与水均匀混合起直至大颗粒絮凝体形成为止，工艺上总称为混凝过程。

1. 水源水中的杂质及颗粒

水源水中包含着很多细泥沙、黏土、胶体、藻类、细菌、有机物等众多杂质和颗粒，当这些细小颗粒小到一定程度时，很难通过自然沉淀等方法去除，故自然去除状态很难达到供人们饮用的卫生标准。通过人们多年的实践发现，添加一些无机药剂或有机药剂后，这些杂质和颗粒与药剂会产生混凝和絮凝作用，形成大的颗粒状或密度大的絮状物，利用后续的沉淀和过滤工程设施便能很容易地去除。

2. 混凝-絮凝的机理

水的混凝现象比较复杂，通常来讲，混凝包括混合、凝聚、絮凝。混凝最主要的过程包括破坏胶体和悬浮微粒在水中形成的稳定分散系，使其聚集为具有明显沉降性能的絮凝体，其机理如图 7.7 所示。不同的化学药剂能使胶体以不同的方式脱稳。

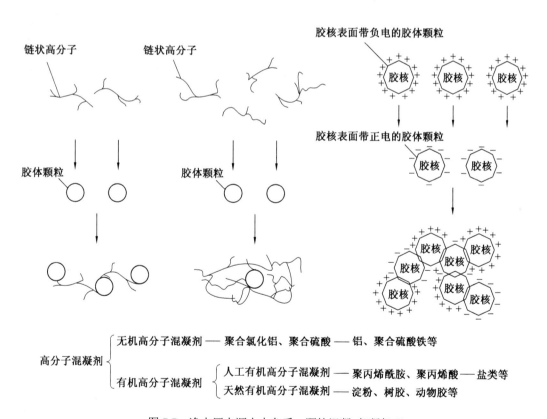

图 7.7　净水厂水源水中杂质、颗粒混凝-絮凝机理

3. 混凝剂的种类

在净水厂中常用的混凝-絮凝药剂称为混凝剂,可分为无机高分子混凝剂和有机高分子混凝剂。无机高分子混凝剂包括铁盐和铝盐及其聚合物;有机高分子混凝剂常用的物质包括人工有机高分子混凝剂和天然高分子混凝剂。净水厂中常用的高分子混凝剂如图7.8所示。

（a）硫酸铝　　　　　　　（b）聚合氯化铝　　　　　　（c）聚合氯化铝铁

（d）聚丙烯酰胺　　　　　（e）三氯化铁　　　　　　　（f）聚合硫酸铝

图7.8　净水厂中常用的高分子混凝剂

4. 混凝剂的投加

混凝剂的投加通常采用的是湿式投加法,其投加流程为:

药剂—→溶解池—→溶液池—→计量设备—→投加设备—→混合设备

混凝剂的投加投加方式有:泵前投加、水射器投加、计量泵投加,具体如图7.9~7.11所示。

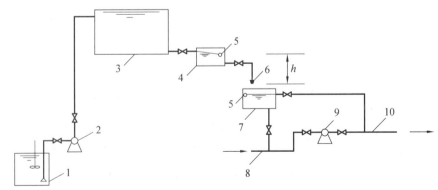

1—溶解池;2—提升泵;3—溶液池;4—横位箱;5—浮球阀;6—投药嘴;7—水封箱;9—水泵;10—压水管

图7.9　泵前投加

续图 7.9

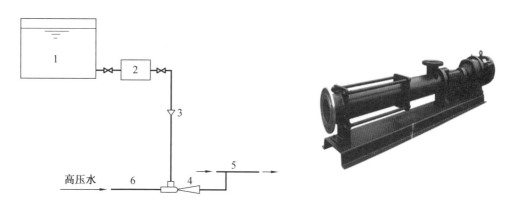

1—溶液池；2—投药箱；3—漏斗；4—水射器；5—压水管；6—高压水管

图 7.10　水射器投加

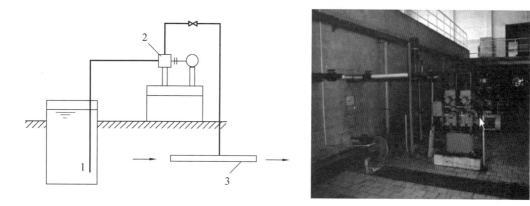

1—溶液池；2—计量泵；3—压水管

图 7.11　计量泵投加

7.3.3　混凝–絮凝池的设计计算内容

（1）混凝设备的设计计算内容包括：溶解池、混合设备、絮凝设备等设计计算。

（2）混合设备可迅速、均匀地将药剂扩散到水中，溶解并形成胶体，使之与水中的悬浮微粒等接触，生成微小的矾花。这一过程要求搅拌强度要大，使水流产生激烈的湍流，但混合时间要短，一般不超过 2 min。混合设备的主要类型有管式混合（图 7.12）、水力混合（图 7.13）等。混合的基本要求是：药剂与水快速均匀混合，混合时间一般 $T=10\sim20$ s，混合梯度常数 $G=700\sim1\,000$ s^{-1}。

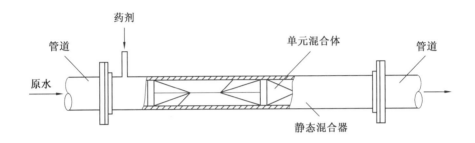

图 7.12　管式混合

图 7.13　水力混合

（3）絮凝设备是指原水和药剂混合后通过絮凝设备应形成肉眼可见的、大的密实絮凝体，以便于沉淀的去除。絮凝设备主要类型有：折板絮凝池（图 7.14）、机械絮凝池（图 7.15）、网格絮凝池等。

图 7.14　折板絮凝池（水力搅拌）

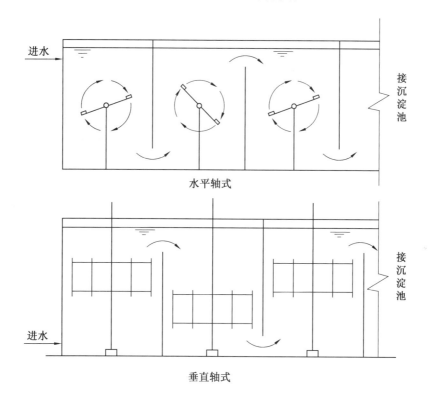

图 7.15　机械絮凝池

其中机械絮凝池的设计参数及规定：絮凝时间为 10～15 min；池内一般设 3～4 台搅拌机；搅拌机转速按叶轮半径中心点线速度计算确定，线速度第一挡为 0.5 m/s，逐渐减少至末挡的 0.2 m/s；桨板总面积宜为水流截面积的 12%～20%，不宜超过 25%，桨板长度不大于叶轮半径的 75%，桨板宽宜取 10～30 cm。机械絮凝池的优点是调节容易，效果好，大中小水产均可，但维修麻烦。

机械絮凝池的实际工程图如图 7.16 所示。

图 7.16 机械絮凝池的实际工程图

7.3.4 沉淀（澄清）池

沉淀在水处理工程（无论是给水处理工程还是污水处理工程）中是实施固液分离的重要物理手段，是不可缺少的一种处理工艺。沉淀理论及沉淀池可在一个处理流程中多次运用。沉淀理论与沉淀池在水质工程学（Ⅰ）和水质工程学（Ⅱ）都会用到，在教学安排中，沉淀理论主要在水质工程学（Ⅰ）中讲述，但并不是说水质工程学（Ⅰ）中就不涉及构筑物的介绍和设计计算内容了，因为给水处理构筑物和污水处理构筑物在细部和衔接方式上毕竟还是有所不同的，所以水质工程学（Ⅰ）也要有构筑物的结构和设计内容。

1. 沉淀理论

沉淀是指悬浮颗粒依靠重力作用从水中分离出来的过程。根据颗粒沉淀时的不同状态，可将沉淀类型初步分成自由沉淀、絮凝沉淀、拥挤沉淀、压缩沉淀。

（1）自由沉淀。

自由沉淀是指单个颗粒在下沉的过程中互不干扰，下沉过程中颗粒的大小、形状、密度和沉速不变。

（2）絮凝沉淀。

絮凝沉淀是指在沉淀的过程中，颗粒由于相互接触、絮聚而改变大小、形状、密度，并且随着沉淀深度和时间的增长，沉速也越来越快。

（3）拥挤沉淀。

拥挤沉淀是指当水中的凝聚性颗粒或非凝聚性颗粒的浓度增加到一定值后，颗粒处于相互干扰下沉的状态。

（4）压缩沉淀。

沉淀过程中，颗粒之间相互接触，彼此支撑，达到一定浓度，层与层之间互相压缩、互相支撑、互相挤压，进一步沉降，层间隙中的游离水被挤出界面，颗粒之间相互拥挤得更加紧密。

在课程教学中，沉淀理论是从自由沉淀介绍起的，然后介绍了如肯奇沉淀理论、相似理论、理想沉淀池、表面负荷、沉淀效率、哈真公式、总去除率等多个理论。乍一看那些公式和推导过程很复杂，但其实并不可怕。若感兴趣，可以研究其每一个推导细节，对理解专业理论和数学有很大好处；听不懂也没关系，只要你理解并会应用表面负荷、哈真公式和总去除率等那几个理论和公式就足够了。表面负荷公式与理想沉淀池理论分析如图 7.17 所示。

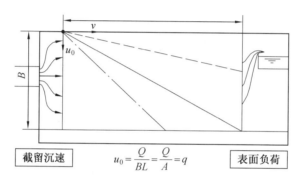

图 7.17　表面负荷公式与理想沉淀池理论分析

2. 澄清理论

给水处理工程中的澄清是指：在水处理过程中，原水中的细小杂质与之前因加入药剂而形成的泥渣层接触时被阻留下来，使水获得澄清的现象。

原水中的细小杂质脱稳后，随水流与泥渣层接触时被阻留下来使水获得澄清的现象，称为接触絮凝。

澄清池是指集絮凝和沉淀过程于一体，主要依靠活性泥渣层达到澄清水的构筑物。

接触絮凝形成的泥渣之所以有净水作用是因为：混凝剂混凝浑水后新生成的泥渣尚有大量的未饱和的活性基团，能继续吸附和黏附水中的悬浊物质；絮凝形成的泥渣具有疏松的结构和很大的表面积，浑水的混凝过程在泥渣的团体表面上进行（接触凝聚）要比在水中进行（自由凝聚）强得多；悬浮泥渣层具有很高的浓度，能大大地增加颗粒之间的碰撞机会，促进絮凝颗粒的增大，这样就提高了絮凝体的沉淀速度。

3. 沉淀池与澄清池

为什么在净水厂工艺中很少提到澄清池？由上述澄清理论我们可以知道，澄清实际上是在沉淀池加入混凝剂之后，利用沉淀池混凝剂混凝浑水后新生成的泥渣而达到去除杂质和颗粒的目的的。在工程上，一般不单独把这些絮凝形成的泥渣单独提取出来放在另外一个池体中进行澄清处理，这样做不但提高造价，而且加长了水处理工艺流程，既不合理也不经济，所以通常将沉淀与澄清过程集中在一个池体中完成，故常在工艺构筑物标牌上写成沉淀（澄清）池，一般情况下，直接称其为沉淀池即可。

集沉淀与澄清功能于一体的沉淀（澄清）池如图 7.18 所示。当然，也有时把澄清池单独设置在净水厂的处理工艺中，此时的澄清池如图 7.19 所示。

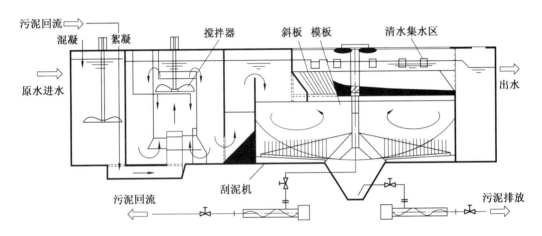

图 7.18   集沉淀与澄清功能于一体的沉淀（澄清）池

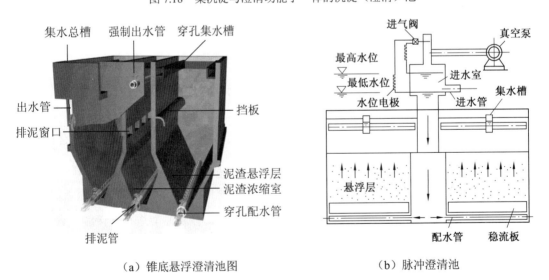

（a）锥底悬浮澄清池图   （b）脉冲澄清池

图 7.19   澄清池

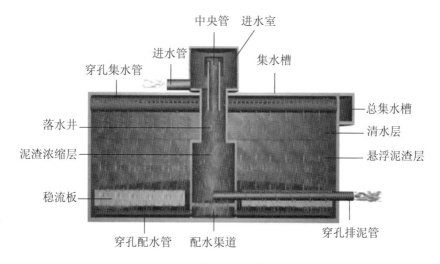

中央管　进水室
进水管
穿孔集水管
集水槽
总集水槽
落水井
清水层
泥渣浓缩层
悬浮泥渣层
稳流板
穿孔配水管　配水渠道
穿孔排泥管

（c）钟罩式脉冲澄清池

续图 7.19

4. 沉淀池的设计

沉淀池的主要类型有平流沉淀池、竖流沉淀池、辐流沉淀池、斜板沉淀池等。在给水处理工程中，沉淀池的使用比较固定，一般都采用平流沉淀池或斜板（斜管）沉淀池；而辐流沉淀池和竖流沉淀池在污水处理工程中用得比较多。所以在水质工程学（Ⅰ）中主要介绍平沉淀池和斜板（斜管）沉淀池。

（1）平流沉淀池。

平流沉淀池可分为进水区、沉淀区、积泥区和出水区 4 个部分。平流沉淀池实际工程图如图 7.20 所示。

图 7.20　平流沉淀池实际工程图

进水区指絮凝池与沉淀池之间的配水廊道，也称为过渡区。进水区配水廊道一般宽为 1.5～2 m，进水均匀很重要，是保证沉淀效果的重要影响因素。为了使进水均匀，一般通过进水花墙配水；为保证墙的强度，洞口总面积不宜过大；洞口断面形状宜沿水流方向逐渐扩大，以减少进口的射流。平流沉淀池进水花墙如图 7.21 所示。

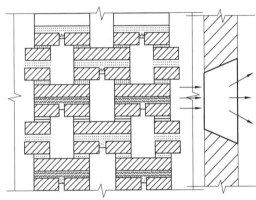

（a）进水花墙整体结构图　　　　　　　　（b）进水花墙细部结构图

图 7.21　平流沉淀池进水花墙

沉淀区指泥水分离区，是去除水中杂质与颗粒的主要工作区。其设计参数为：水平流速 $v=10\sim25$ mm/s，有效水深 $H=3\sim4$ m，每格宽度宜在 $3\sim8$ m，不宜大于 15 m。其计算时采用的最主要参数是表面负荷或水力停留时间，设计时采用其中一个参数计算即可，另外一个用来校核；计算公式很简单，在具体学习水质工程学（Ⅰ）课程时再详细介绍。

积泥区是贮泥、浓缩和排泥的区域，通常在沉淀池的底部。排泥方式有重力排泥和机械排泥（图 7.22）。

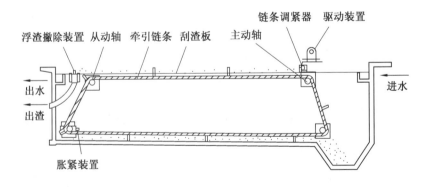

图 7.22　平流沉淀池机械排泥示意图

出水区是指自表面均匀集水并防止带走池底沉泥的区域，出水装置的效果决定着最终的出水水质情况。为保证出水水质，在设计计算时一定要考虑堰上负荷。出水方式有溢流出水和淹没出水（图7.23），其出水装置一般采用矩形薄壁堰和三角堰（图7.24）。

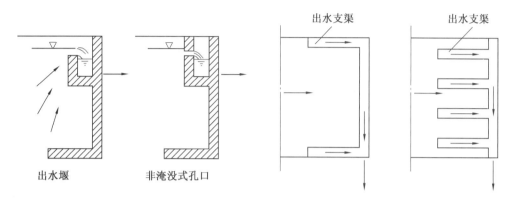

图 7.23　沉淀池出水方式及收集形式

图 7.24　平流沉淀池三角堰及淹没孔口的出水形式

（2）斜板（斜管）沉淀池。

斜板（斜管）沉淀池的提出是基于浅层理论，即在沉淀池容积一定的情况下，池身越浅，沉淀面积越大，去除效率也越高。

在沉淀过程中，颗粒沉速不变时，增加池表面积可提高沉淀效果。理想条件下，沉速及池容积一定时，将沉淀池分成 n 层，则理论上提高 n 倍沉淀效果。在实际工程中，人们将这 n 层沉淀池倾斜 60° 左右，既利于底部排泥，而且排泥下滑的污泥与底部进入底部的颗粒形成絮凝沉淀，又可提高效率。

斜板（斜管）沉淀池由于提高了沉淀池的处理能力，缩短了颗粒沉降距离，减少了沉淀时间，提高了处理效率，是近些年在给水处理工程中净水厂最常用的沉淀池，其工艺示意如图 7.25 所示。

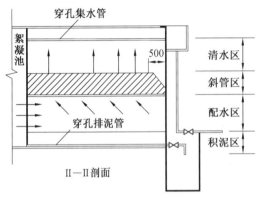

（a）斜板（斜管）沉淀池进出水示意图　　　　（b）斜板（斜管）沉淀池实际工程图

图 7.25　斜板（斜管）沉淀池

7.3.5　过滤及滤池

在给水处理工程中，水源水在经过上述混凝—絮凝—沉淀（澄清）处理过程之后，水中尚残留一些细微的悬浮杂质，仍需用过滤的方法去除，这种过滤是以一种工程周期运转的方式进行的，也就是周期性的过滤过程和反冲洗过程。在给水处理工程中，实施过滤的构筑物即为滤池，在给水处理工程中滤池的类型有普通快滤池、无阀滤池、虹吸滤池、V 形滤池（图 7.26）和移动罩滤池（图 7.27）等。对生活饮用水的净水厂来说，必须有过滤，过滤是保证饮用水卫生安全的重要措施和把关环节。

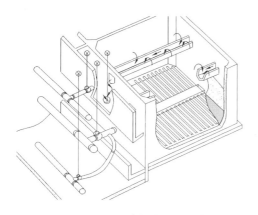
（a）V 形滤池进出水示意图

（b）V 形滤池实际工程图

图 7.26　V 形滤池

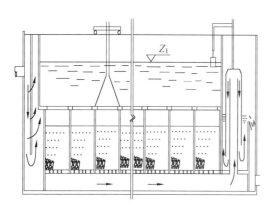
（a）移动罩滤池进出水示意图

（b）移动罩滤池实际工程图

图 7.27　移动罩滤池示意图及工程图

1. 什么是过滤

在给水处理工程中的过滤就是：以具有孔隙的粒状滤料（如石英砂）铺设成一定厚度，截留水中悬浮杂质，从而使水中杂质分离的工艺过程。其作用有降低水的浊度，去除部分水中有机物、细菌、病毒等。

2. 过滤机理

过滤的机理为重力沉降：原水通过滤料层时，由于阻力，众多的滤料表面提供了巨大的不受水力冲刷而可供悬浮物沉降的有效面积，形成了无数的"小沉淀池"，浑水流经滤层（过滤介质），悬浮物极易在此沉降下米。给水过滤主要是悬浮颗粒与滤料颗粒之间黏附作用的结果。

悬浮颗粒被截留主要是迁移、黏附的结果。迁移是指悬浮颗粒在沉淀、扩散、惯性、阻截和水动力作用下与滤料接触，此后在范德华引力、静电力以及某些化学键和某些特殊的化学吸附力作用、絮凝颗粒间的架桥作用下被滤料吸附截留（图 7.28）。

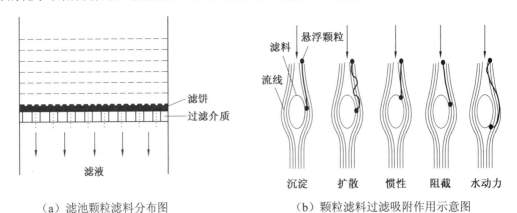

（a）滤池颗粒滤料分布图 （b）颗粒滤料过滤吸附作用示意图

图 7.28 颗粒在滤料中的过滤机理

3. 滤池反冲洗的目的及原理

滤池工作一段时间之后，由于滤料层杂质和颗粒增多，会增加滤料层的阻力，因此过滤的流速减慢。在等速过滤状态下，由于滤料层逐渐被堵塞，水头损失随过滤时间逐渐增加，滤池中水位逐渐上升，当水位上升到最高水位时，过滤停止以待冲洗。冲洗中的水流方向由下向上，与过滤的方向正好相反，因此也称反冲洗。

滤池冲洗的目的是清除滤料层中所截留的污物，使滤池在短期内恢复生产能力。

目前，反冲洗过程的控制一般都是自动或虹吸控制。冲洗水必须有足够的冲洗强度，使滤层达到一定的膨胀高度；冲洗要有足够的冲洗时间，冲洗水的排除要迅速，以免杂质滞留，影响冲洗效果。反冲洗水的供给根据供水方式，可分为水塔（箱）冲洗方式和水泵冲洗方式。过滤时，滤料层中的压力变化如图 7.29 所示。滤池的过滤及反冲洗原理如图 7.30 所示。

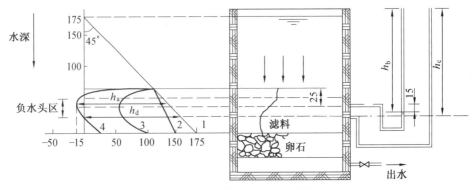

图 7.29 滤料层中的压力变化

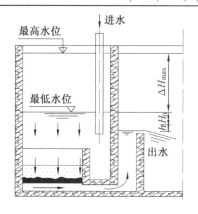
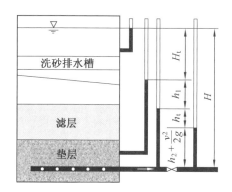

图 7.30　滤池的过滤及反冲洗原理示意图

4. 滤池滤料

滤池之所以起作用的原因是具有孔隙的粒状滤料（如石英砂）铺设成一定厚度的过滤层。这些构成过滤层的滤料要有足够的机械强度和化学稳定性，以防因冲滤料磨损、破碎及产生化学反应而恶化水质，尤其不能含有对人类健康和生产有害的物质。

滤料在工程铺设过程中应易于取材，且有可选用的颗粒级配和适当的空隙率。目前在给水处理工程中常用的滤料有无烟煤、石榴石、磁铁矿、石英砂等（图 7.31）。

（a）无烟煤　　　　　　（b）石榴石　　　　　　（c）磁铁矿

（d）不同粒径的石英砂

图 7.31　给水处理工程中常用的滤料

5. 滤池的参数及设计

滤池在给水处理工程系统中是比较重要的工艺构筑物，是保证饮用水卫生安全的重要措施与关键环节。无论是滤池的工作过程，还是滤池的构造组成都比较复杂。其工作过程包括过滤和反冲洗，滤速和过滤（反冲洗）周期是比较重要的设计及运行参数。

单位时间、单位过滤面积上的过滤水量称为滤速。过滤周期是从过滤开始至过滤结束，一次过滤过程所需的时间。滤池总体计算过程并不复杂，滤池的设计计算除了滤速和过滤周期之外，还有很多其他参数和因素需要考虑。滤池由滤料层、承托层、底部配水系统、反冲洗系统及进出水设施组成。

（1）滤料层是由滤料铺设而成，有厚度、层数和粒径级配要求，具体如图 7.32 所示。

（a）滤池滤料粒径分布示意　　　　　　（b）滤池填充滤料后工程图

图 7.32　滤池中的滤料

（2）承托层在滤池中起到承载滤料层及上层结构的作用。合理设计和布置承托层可以防止滤料透过孔眼从配水系统流失，协助均匀配水，并且能均匀布置反冲洗水。承托层及部分布水配水系统如图 7.33 所示。

（a）承托层及布水分布结构示意图　　（b）承托层工程图　　（c）施工过程的承托层及布水结构工程图

图 7.33　承托层及部分布水配水系统

（3）底部配水系统主要是指滤池反冲洗时内冲洗水系统及滤后水收集系统。这些系统在设计计算中需要绘制计算草图，计算过程并不很难，但比较烦琐。只要按照学过的步骤和方法仔细认真地按照手册和例题计算，就能较好的完成其设计计算。

　　①反冲洗的布水系统分为大阻力布水系统和小阻力布水系统。大阻力布水系统主要由配水干管和穿孔支管组成。

　　大阻力（穿孔管）布水系统（图 7.34）的特点是配水均匀性好，但结构复杂，管道容易结垢，孔口水头损失大，要求反冲洗水压高。

　　小阻力（穿孔管）布水系统（图 7.35）适应于面积小的滤池，一般有钢筋混凝土穿孔板、穿孔滤砖、复合气水反冲洗滤砖、滤头+套筒滤板结构等形式，特点是配水系统结构简单，反冲洗水头小（2 m 左右），但配水均匀性较大阻力布水系统差（图 7.35）。

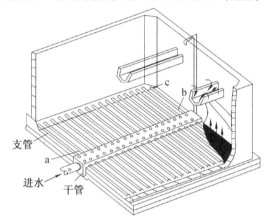

（a）大阻力（穿孔管）布水系统示意图　　　　（b）大阻力（穿孔管）布水系统工程施工图

图 7.34　大阻力（穿孔管）布水系统

  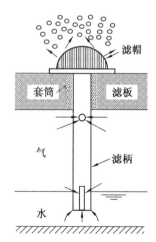

（a）小阻力（穿孔管）布水系统　（b）小阻力（穿孔管）布水系统　（c）小阻力（穿孔管）结构
　　　现场施工图　　　　　　　　　　结构图　　　　　　　　　　　示意图

图 7.35　小阻力（穿孔管）布水系统

②冲洗废水的排除。滤池中的水含有大量在过滤时产生的杂质和颗粒，因此需要均匀收集和及时排除。其排除形式及结构如图 7.36 所示。

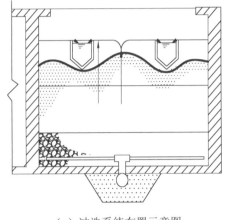

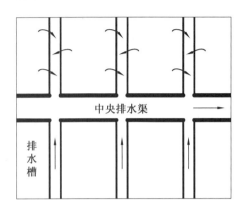

（a）冲洗系统布置示意图　　　　　　　　　　（b）冲洗系统出水示意图

（c）冲洗废水排出实际工程图

图 7.36　冲洗废水系统的排除形式及结构

7. 滤池的管廊布置

滤池的进出水系统比较复杂，除在底部具有布水系统、反冲洗水系统之外，还有进水管道系统、滤后水的收集系统、气水反冲洗时的气体管道等等，在此不一一单独介绍。在工程中为了更好地布置这些滤池的管道，在滤池的设计中有专门的管廊设计。

管廊将进水管道、滤后水收集管道、冲洗水管道全部布置在管廊内，是集中布置滤池的管道、配件及阀门的场所；进水渠和排水渠有时也布置于滤池另一侧。设计管廊的要求是：留有设备与管配件安装、维修时必需的空间；具有良好的防水、排水、通风、照明设备；池数少于 5 个时，滤池宜采用单行排列，管廊位于滤池的一侧；滤池数超过 5 个时，滤池宜采用双行排列，管廊位于两排滤池的中间，具体如图 7.37 所示。

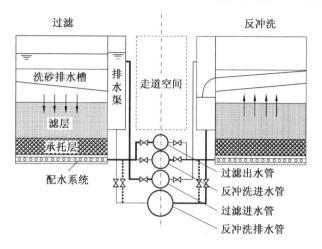

（a）滤池管廊中各类管道布置示意图

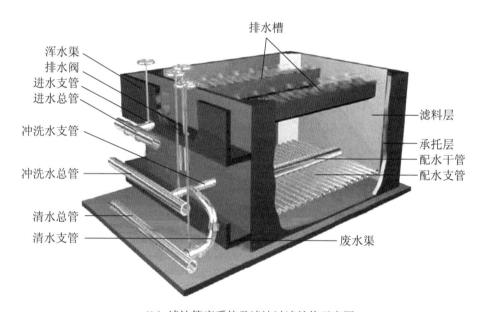

（b）滤池管廊系统及滤池过滤结构示意图

图 7.37　滤池的管廊布置示意图

7.3.6　消毒

为了保障人民的身体健康，防止水致疾病的传播，饮用水中不应含有致病微生物，在净水厂的最后环节必须有消毒环节。消毒的目的：①杀灭在水处理过程中没有去除的细菌及病原菌，使出水的水质达到《生活饮用水卫生标准》（GB 5749—2006）；②保证自来水在管道输送过程中不会出现二次污染。

　　常用的消毒方法有物理法（加热和紫外光）、机械法（格网、膜）、辐射法（电磁辐射、声辐射、粒子辐射）及化学法（氧化剂，即氯及其化合物、溴、臭氧、酚类及重金属及化合物等）。目前，在大型净水厂最常用的仍是化学药剂——氯及其化合物消毒法。有关氯消毒的原理在高中时已经学习过，主要是利用 $HOCl$ 和 OCl^- 的氧化能力，通过破坏细菌酶系统而起作用。

本 章 习 题

1. 学习水质工程学（Ⅰ）课程之前必须要学习哪些课程？

2. 水质工程学（Ⅰ）中课程要学习的内容有哪些？

3. 画出城市净水厂给水处理常规工艺流程图。

4. 请叙述城市给水处理厂常规工艺各个构筑物的作用及需学习的内容。

5. 试根据滤池的图形想象出其实际的工程结构。

第 8 章 水质工程学（II）课程内容及能力要求

8.1 水质工程学（II）课程性质及课程前后衔接

水质工程学（II）是专业必修课，为 50～60 学时，根据各个学校人才培养特色不同，也有学时更多的；学分为 3 学分左右，一般开设在大学三年级的下学期，也就是第 6 学期。在此课程理论教学完成之后一般还开设 1～2 周的课程设计。

水质工程学（II）课程是给排水科学与工程专业排水方向的最重要课程。一部分行业人认为，如果没有学过水质工程学（II）的课程内容，那么你学的就不是给排水科学与工程专业。在学习水质工程学（II）课程之前，必须先学习一些与其相关的基础课程和专业课：数学、力学、化学、工程制图、水力学、水泵与水泵站、给排水管道工程、水微生物学等。

在水质工程学（II）课程之后，还应学习一些其他专业课程，如水工程施工、水质工程学（III）、水工艺仪表与控制、给排水工程概预算等，以进一步提升在水质工程学（II）方面的理论知识和技能。

水质工程学（II）与水质工程学（I）这两门课程在同一学期同一时间开设，有很多内容是相互补充的，比如：辐流沉淀池与固体通量理论、气浮原理与气浮池、活性污泥法、生物膜法、厌氧生物处理法等都在水质工程学（II）课程中讲述；而沉淀、过滤、混凝和絮凝、吸附、消毒、离子交换、滤膜技术等多在水质工程学（I）课程中讲述。

8.2 水质工程学（II）课程学习内容

水质工程学（II）的课程名称之前为"污水处理"，现在的名称是在 2012 年高等学校给排水科学与工程专业指导委员会将"给水排水工程"专业改成现有专业名称之后才出现的，从内容上来说，之前的名称"污水处理"更能明确地体现出课程的性质和研究方向。本门课程的最大特点也是专业理论与工程实践结合得非常紧密，而且所学习的内容也都是非常具象的，看得见，也可以想象得出。

水质工程学（Ⅱ）课程所学内容基于城镇污水处理厂的二级常规处理工艺，基本原理及设计计算都是以该工艺的污水处理厂构筑物为例进行讲述的；虽然城镇污水处理厂的常规工艺在目前的水处理工程中基本不怎么使用了，但它是目前使用新工艺进行理论计算及设计的基础，学会和明了二级常规污水处理厂的原理和设计计算，便能够对目前使用的新工艺和方法较好地进行设计计算和运行管理。

8.2.1　城镇污水处理厂二级处理常规工艺

城镇污水处理厂二级处理常规工艺是我们应用最早、最成熟，也是生物处理最典型的工艺，掌握了二级处理常规工艺流程中各个部分的原理、设计计算及运行管理，就基本上掌握了污水生物处理的核心理论和技术。城镇污水处理厂二级处理常规工艺流程图如图 8.1 所示。

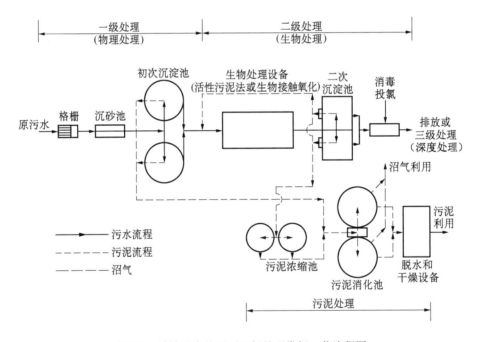

图 8.1　城镇污水处理厂二级处理常规工艺流程图

由城镇污水处理厂二级处理常规工艺流程图可以看出，城镇污水处理厂二级处理常规工艺可分成一级处理（物理处理）、二级处理（生物处理）和三级处理（深度处理）几个阶段。

一级处理是去除污水中小的漂浮物和部分悬浮状态的污染物质，调节污水 pH，减轻后续处理工艺负荷。经过一级处理后，BOD 一般可去除 30%左右。

二级处理主要用于去除污水中呈胶体和溶解状态的有机污染物质，去除率可达 90% 以上。曝气池是二级处理的主要设备，利用活性污泥或生物膜，使可降解的有机废物被氧化分解为硝酸盐、硫酸盐和二氧化碳等。

三级处理用于进一步处理城镇污水厂经二级处理无法达标的水中有机物、磷和氮等，尤其是针对氮和磷等能够导致水体富营养化的可溶性无机物而进行的后续处理，主要方法有：生物脱氮除磷法、混凝沉淀法、砂滤法、活性炭吸附法、离子交换法和电渗析法等。

细心的人可能发现，三级处理的方法除了增加一部分生物脱氮除磷方法外，很多方法仍是水质工程学Ⅰ中所学的内容。三级处理又称回用处理或深度处理，针对二级处理常规工艺出水的水质，在设计时按照给水处理工艺设计思路和理论放在后续的工艺中。

城镇污水处理厂中的另外一部分是污泥处理。污泥是污水处理后的副产品，是一种由有机残片、细菌菌体、无机颗粒、胶体等组成的、极其复杂的非均质体，主要来自初沉池和二沉池，它也是水体污染的主要潜在风险。因此，近些年国家对污泥处理的重视程度提升到空前的高度。

污泥处理包括污泥浓缩、污泥消化及污泥脱水等处理工艺和方法，在具体学习时会详细讲述。

8.2.2　污水处理工程技术原理

在第 4 章中介绍过很多微生物降解污水中有机污染物的知识，而在本课程中，进一步将微生物学、物理化学等相关知识和原理融入实际工程应用中。

在本课程中，将微生物的降解去除机理完全转化为实际工程应用原理，比如活性污泥法处理工艺基本原理（图 8.2）、污水的生物脱氮除磷工艺原理（图 8.3）、污水的生物膜法处理工艺原理（图 8.4）、污泥的厌氧消化处理原理等。因此，我们在学习微生物时就应该掌握好相应的知识，为后续进一步学好污水处理原理与技术打下扎实的基础。

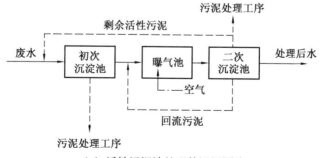

（a）活性污泥法处理的污泥回流

图 8.2　活性污泥法处理工艺基本原理

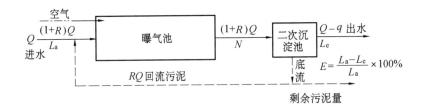

（b）活性污泥法物料平衡计算图

Q—进水流量；R—污泥回流比；L_e—进水有机物浓度；N—有机负荷；q—剩余污泥量

续图 8.2

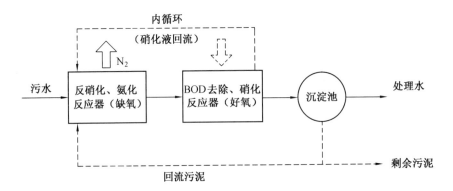

图 8.3　污水的生物脱氮工艺原理

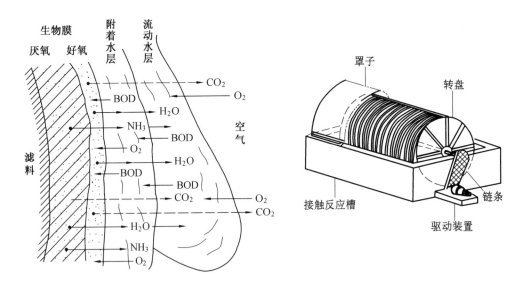

图 8.4　污水的生物膜处理工艺原理

8.2.3　污水处理构筑物的设计计算

　　水质工程学（Ⅱ）是给排水科学与工程专业排水方向的核心课程，除了讲述上述污水处理理论之外，也是一门实践性较强的设计计算课程。除了少数以培养研究型人才为主的学校之外，其余的大部分学校都以污水处理构筑物设计计算为主。

　　本门课程在分述各个污水处理工程技术原理的同时，将每一部分的理论直接应用到相应的设计计算中：

　　（1）讲述污水物理处理理论的同时，直接介绍污水处理工艺中的格栅、沉砂池、沉淀池等的设计计算。

　　（2）讲述活性污泥法处理基本原理的同时，直接介绍活性污泥法的影响因素与主要设计参数，曝气池的污泥负荷、污泥浓度、池容的设计计算。

　　（3）讲述污水生物膜法处理原理的同时，直接介绍生物滤池、接触氧化池及生物流化床反应器设计计算。

　　（4）讲述污泥的厌氧消化理论的同时，直接介绍厌氧消化池的设计计算……

8.2.4　污水处理工程的运行管理

　　水质工程学（Ⅱ）除了讲述上述两大部分内容之外，还在各个相应部分介绍了不同的污水处理工艺、污水处理构筑物、处理设备及设施的运行管理，只有了解了各个工艺、各个构筑物及设施的运行管理，才能在设计时考虑得比较全面。

　　有些工程竣工之后往往在管理、运行操作方面出现很多问题，比如：格栅间和沉砂池中会出现过道过窄；清掏或搬运物品时缺少空间；大型或过重的设备因未设置起吊设备而为后续的维修、维护造成困难；曝气池未设中位管和放空管，在污泥驯化培养或换曝气头时增加管理难度等。

　　学习相应各部分的运行管理内容，也会为今后污水处理厂出现运行问题时，提供理论知识和管理经验，如什么情况下沉淀池会出现污泥上翻，如何确定曝气池中的活性污泥运行是否正常，当 CAST、A/A/O 等脱氮工艺运行出现异常时如何处理，如何判断消化池产气是否正常等。

8.3　水质工程学（Ⅱ）课程所学的工艺设计及计算内容

　　如前所述，水质工程学（Ⅱ）课程主要通过讲解污水处理的不同工艺，来学习污水处理工程技术原理；通过城镇常规污水处理厂的处理构筑物设计、计算和运行管理，来培养设计能力、识图能力和运行管理技能。

8.3.1 格栅

1. 格栅的作用

格栅是斜置在废水流经的渠道、泵站集水池的进口处或污水厂进水口端部，对后续处理构筑物或泵站机组具有保护作用的处理设备，用以截阻大块的呈悬浮或漂浮状态的污染。图 8.5 所示为机械格栅机。

格栅的形状有平面格栅和曲面格栅；按格栅栅条的净间隙可分为粗格栅（50～100 mm）、中格栅（10～50 mm）和细格栅（3～10 mm）；根据清渣方式可分为人工清渣格栅和机械清渣格栅。

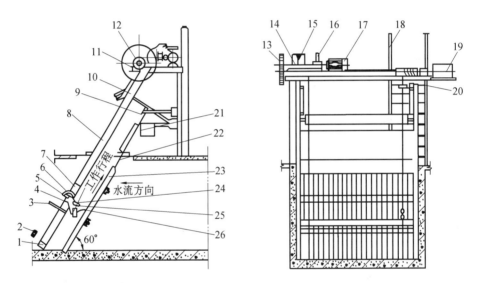

1—滑块行程限位螺栓；2—除污耙自锁机构开锁撞块；3—除污耙自锁栓；4—耙臂；5—销轴；6—除污耙摆动限位板；7—滑块；8—滑块导轨；9—刮板；10—抬耙导轨；11—底座；12—卷筒轴；13—开式齿轮；14—卷筒；15—减速机；16—制动器；17—电动机；18—扶梯；19—限位器；20—松绳开关；21、22—上、下溜板；23—格栅；24—抬耙滚子；25—钢丝绳；26—耙齿板

图 8.5　机械格栅机

2. 格栅的设计计算内容

格栅一般设在水泵前，而在常规工艺的污水处理厂中，需要设在进水井之后，所有的构筑物之前还要设置一座细格栅（图 8.6）。

图 8.6　格栅及格栅的设置

格栅的设计计算内容包括：栅条间隙数、格栅的宽度、格栅的渠道设计等。一般情况下，设计中选择 2 组格栅，每组格栅单独设置。栅条间隙可根据进水水质和水泵性质确定，而在污水处理厂内的格栅通常都选用细格栅，栅条间隙一般不超过 25 mm，过栅流速为 0.6～1.0 m/s。

格栅的宽度根据选用栅条的情况，利用公式可计算出，总宽度不宜小于进水管渠宽度的 2 倍。格栅的渠道长度由公式 $L = l_1 + l_2 + 0.5 + 1.0 + H_1 \times \tan\alpha$（其符号含义如图 8.7 所示）计算得出；宽度的计算公式为 $B = S(n-1) + bn$；深度与栅前水深有关，一般根据水量和自选尺寸计算。格栅的设计计算草图如图 8.7 所示。

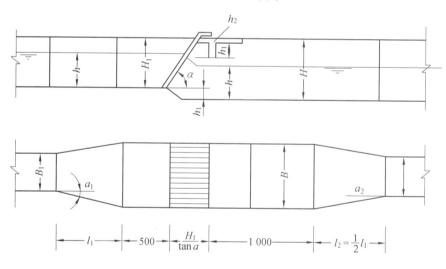

图 8.7　格栅的设计计算草图

8.3.2　沉砂池

若无特殊情况，城镇污水处理厂均应设置沉砂池，沉砂池的个数（或分格数）不应少于 2 个，按并联工作设计。

1. 沉砂池的作用与类型

沉砂池设在格栅之后，起到分离相对密度较大的无机颗粒（无机砂粒，砾石和少量较重有机物颗粒，如树皮、骨头、种粒等）的作用；保护水泵和管道免受磨损，防止后续处理构筑物管道的堵塞；减小污泥处理构筑物的容积，提高污泥有机组分含量，减小沉淀池的负荷。

沉砂池的主要类型有：平流沉砂池、曝气沉砂池、涡流（钟式）沉砂池等（图 8.8）。不同类型沉砂池的设计计算方式有所差别。

（a）平流沉砂池　　　　　　（b）曝气沉砂池　　　　　（c）涡流（钟式）沉砂池

图 8.8　沉砂池

2. 平流沉砂池

（1）平流沉砂池是一个比入流渠道和出流渠道宽和深的渠道，其颗粒随着过水断面增大→水流速度下降→无机颗粒重力作用下沉，密度较小的有机物则仍处于悬浮状态并随水流流走，从而达到从水中分离无机颗粒的目的。

（2）平流沉砂池的构造与组成。

平流沉砂池由进水装置、出水装置、沉淀区和排泥装置组成。平流沉砂池构造简单、沉砂效果较好：上部是水流部分，水在其中以水平方向流动；下部是聚集沉砂的部分，通常设 1～2 个贮砂斗；底部接带闸阀的排砂管，用以排除沉砂。

平流沉砂池进水装置应采取消能和整流措施，设置进水闸门以控制流量；出水装置采用自由堰（堰跌落）以控制池内水位，不使池内水位频繁变化，保证水位恒定。平流沉砂池计算草图如图 8.9 所示。

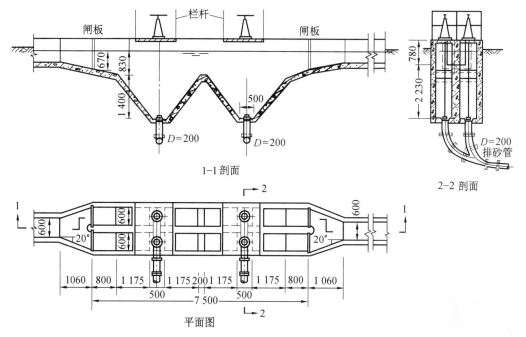

图 8.9 平流沉砂池的设计计算草图（单位：mm）

（3）平流沉砂池的设计计算。

沉砂池的长度与水流流速及时间有关，最大流速为 0.3 m/s，最小流速为 0.15 m/s；最大流量时，水力停留时间不小于 30 s，一般采用 30～60 s。沉砂池的宽度通过公式 $A=Q_{max}/v$ 和 $B=A/h$ 计算可知，有效水深不大于 1.2 m，每格宽度不小于 0.6 m。沉砂斗按人口或城镇污水含砂量产生的沉砂量来设计。

（4）平流沉砂池的特点。

平流沉砂池工作稳定，易于排除沉砂，但因占地面积大，截留的沉砂因夹杂有机物易于腐化发臭，难以处置，因而在近些年使用范围逐渐缩小。

3. 曝气沉砂池

曝气沉砂池是比较常用的池型，在池的一侧设置曝气设施，通入空气，使污水沿池旋转前进，从而产生与主流垂直的横向恒速环流（图 8.10）。

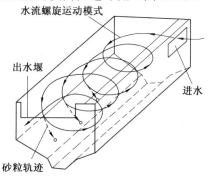

图 8.10 曝气沉砂池中水流运动模式

（1）曝气沉砂池沉淀效率较高，除砂效率稳定，受流量变化的影响较小。由于曝气作用，曝气沉砂池中有机颗粒处于悬浮状态，砂粒互相摩擦并承受剪切力，能够去除砂粒上附着的有机污染物。从曝气沉砂池中排出的沉砂，有机物只占5%左右，一般长期搁置也不腐败。通过调节曝气沉砂池的曝气量对污水起到的预曝气作用，有利于后续的好氧生物处理。曝气沉砂池可避免使过多砂粒在消化池中沉积而减少消化池有效容积，有利于后续消化池的正常运行。

（2）曝气沉砂池由进水装置、出水装置、沉淀区、曝气系统和排泥（砂）装置组成，其具体工程景观图和局部计算草图如图8.11所示。

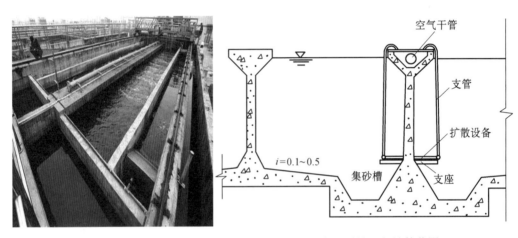

（a）曝气沉砂池具体工程景观图　　　　（b）曝气沉砂池局部计算草图

图8.11　曝气沉砂池和局部计算草图

（3）曝气沉砂池设计计算的主要设计参数是沉淀时间，一般为1~3 min，由此计算出沉砂池的有效容积 $V=Q \cdot t$，过水断面 $A=Q/v$，v 为水平流速，一般采用0.1 m/s，其宽度和长度也由此设计计算得出；曝气沉砂池需要曝气的空气量通过公式 $q=3\ 600\ Q \cdot d$ 计算，每1 m³的污水所需的曝气量一般是0.1~0.2 m³。此外设计时还需要计算沉砂室、沉砂斗、进出水渠道等所需要的容积和尺寸。

4. 涡流沉砂池

涡流沉砂池利用水力涡流将泥砂和有机物分开，从而达到除砂目的：

涡流沉砂池从切线方向进水→进水渠道、桨板→产生螺旋状环流→越靠下部及中心部分水流断面越小，速度越大→重力、离心力、水力剪切作用下→泥砂沿池壁下沉（分离有机物和无机物）。进水渠道末端设跌水堰，使砂子向下滑入沉砂池，有机物在池中心部位向上升起，并随着出水水流进入后续构筑物（图8.12）。

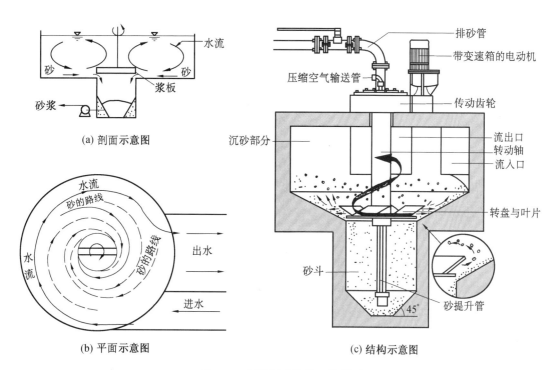

图 8.12　涡流沉砂池的工作原理

涡流式沉砂池一般采用成型设备，在工程中可根据水量和水质在厂家提供的型号中选用；也可以自己设计计算进行现场施工，其计算公式见表 8.1。

表 8.1　涡流式沉砂池计算公式

名称	公式	符号说明
进水管直径	$d = \sqrt{\dfrac{4Q_{\max}}{\pi v_1}}$	v_1——中心管流速，最大流速不宜大于 0.3 m/s； $Q_{\max}$——最大设计流量
沉砂池直径	$d = \sqrt{\dfrac{4Q_{\max}(v_1 + v_2)}{\pi v_1 v_2}}$	v_2——池内上升流速，最大为 0.1 m/s，最小为 0.02 m/s
有效水深	$h_2 = v_2 t$	t——最大流量的流行时间，最大流量时，停留时间不宜小于 20 s
沉砂部分所需容积	$V = \dfrac{86\,400Q_{\max}t' \cdot x_1}{10^5 K_z}$	t'——最大流量的流行时间； x_1——城镇污水沉砂量； K_z——城镇污水总变化系数
沉砂部分圆锥容积	$V_1 = \dfrac{\pi h_4}{3}(R^2 + Rr + r^2)$	h_4——沉砂池锥底底部高度； R、r——沉砂池锥底部分尺寸
池总高	$H = h_1 + h_2 + h_3 + h_4$	h_1——超高； h_3——中心底部至沉砂面的标高

8.3.3 沉淀池

在水质工程学（Ⅱ）沉淀池设计计算中，不仅介绍了沉淀理论，而且将初沉池和二沉池的设计计算结合起来，原因是初沉池与二沉池除了设计参数和回流进出水方式有所不同之外，其余的计算基本是相同的。沉淀池最常见的池型有平流沉淀池、辐流沉淀池和竖流沉淀池。

1. 沉淀池的作用

沉淀池是污水处理过程中固液分离的重要物理手段，也是生物处理后泥水分离，使处理水得到澄清的重要技术设施。

在一级处理系统中，沉淀是主要处理工艺，污水处理的效果基本由沉淀效果来控制（沉砂池、初次沉淀池）；在二级处理系统中，生物处理后设二次沉淀池的作用是泥水分离，使处理水得到澄清。重力浓缩过程也是沉淀作用的一种形式，为减少污泥体积，污泥需经一定程度浓缩，这种浓缩过程称为压缩沉淀，其构筑物称为污泥浓缩池。

2. 沉淀池的设计参数及规定

初沉池在整个工艺流程中能够去除25%左右的BOD_5和40%左右的SS；二沉池能够去除95%左右的BOD_5和SS。

沉淀池在工艺设计中一般分为 2 组，按并联设计考虑。主要的设计参数是流量、表面积负荷或沉淀时间、有效水深、堰上负荷等。

3. 沉淀池的设计计算内容

以最常见的辐流沉淀池为例，其计算的内容有：表面负荷及表面积、有效水深、进出水装置、污泥斗、污泥室，以及沉淀池的辅助设施设计计算，包括中心进水井、挡板、三角堰、刮（吸）泥机、排泥管、放空管、集配水井等。这些设计计算内容，无论哪一种，都有相应的公式和参数要求。其平流沉淀池实际工程图如图 8.13 所示，辐流沉淀池在实际工艺流程中的布置示意图及局部实际工程图如图 8.14 所示，竖流沉淀池实际工程图及示意图如图 8.15 所示。

图 8.13　平流沉淀池实际工程图

（a）辐流沉淀池在实际工艺流程中的布置

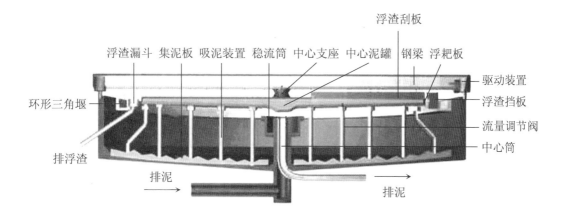

（b）辐流沉淀池示意图

图 8.14　辐流沉淀池

（c）辐流沉淀池局部实际工程图

续图 8.14

（a）实际工程图

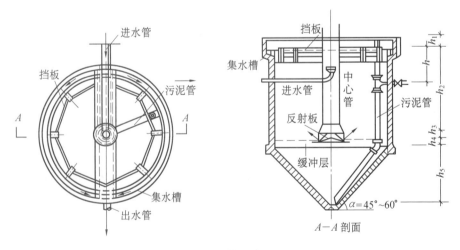

（b）结构示意图

图 8.15 竖流沉淀池

8.3.4　曝气池

曝气池是城镇污水处理厂常规处理工艺的核心，是活性污泥法应用的典型体现，也是生物处理原理的集中体现，学会了常规工艺曝气池的设计计算，就能对后来发展的种各样的新工艺的设计计算驾轻就熟。

1. 曝气池的作用

曝气池的作用我们在第 4 章中已经较为详细地介绍过，即在有氧条件下，微生物将污水中的有机污染物进行分解代谢，将污水中大分子有机污染物（糖类、脂类、蛋白质等）在酶的作用下降解成小分子物质——氨基酸、单糖、氨氮、CO_2、H_2O、N_2 等，其中部分氨基酸、单糖等被微生物重新利用，合成自身机体物质；而 CO_2、H_2O、N_2 等是无机物质，直接被释放到环境中。曝气池的作用在宏观上表现为微生物生长，水中有机污染物逐渐降解，从而达到去除水中有机污染的目的。

曝气池中的运行形式是水与活性污泥从池首端进入，在曝气和水力的推动下均衡向前流动，从池末端流出。曝气池是个多廊道的池型结构，其水流及廊道的平面形式如图8.16 所示。

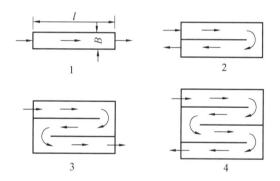

图 8.16　曝气池多廊道的池型结构及水流平面形式

2. 曝气池的设计参数及规定

在污水处理工程中，曝气池不应少于 2 组，同时运行，每组由 1～4 个廊道组合，一般按进水设施→廊道→曝气设施→出水设施→排泥及回流设施的工艺运行；鼓风曝气时，曝气池底部均匀设置曝气器(图 8.17)。曝气池主要的设计参数有水力停留时间（一般大于 6 h）；活性污泥质量浓度达到（1 500 mg/L）；污泥负荷（一般在 0.2～0.4 kg BOD_5/（kg MLSS·d））；污泥回流比（50%～100%）等。

图 8.17　曝气池的池底均匀分布的曝气器

3. 曝气池的设计计算内容

曝气池的设计计算是非常重要的，某些参数的选取经过计算之后还必须进行校核，曝气池设计计算的内容包括选定工艺流程及构筑物形式、曝气池的工艺、曝气池容积、需氧量、供气量、曝气系统、回流污泥量、剩余污泥量、污泥回流系统、二沉池型的选定与工艺等。曝气池的平面布置设计计算草图如图 8.18 所示，曝气池进水布置计算草图如图 8.19 所示，曝气系统布置计算草图如图 8.20 所示。

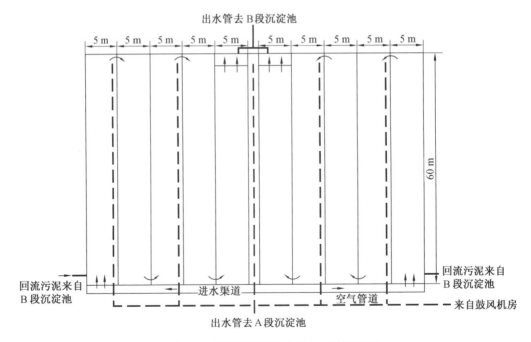

图 8.18　曝气池的平面布置设计计算草图

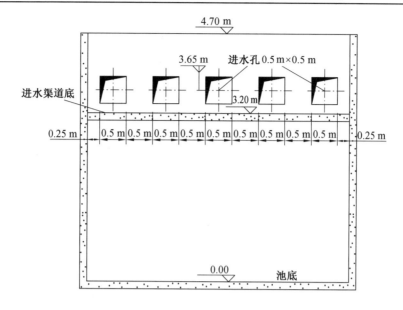

图 8.19　曝气池进水布置计算草图

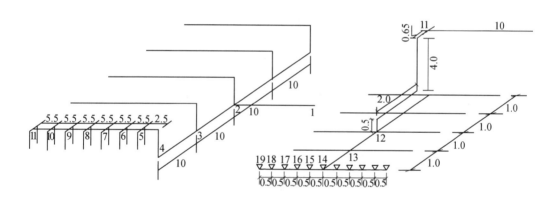

图 8.20　曝气系统布置计算草图（单位：mm）

8.3.5　其他构筑物设计

城镇污水处理常规工艺除上述构筑物之外，还有出水消毒设施、污泥浓缩池（连续式重力浓缩池如图 8.21 所示）、污泥消化处理系统（上海白龙港污泥蛋形消化池如图 8.22 所示）、污泥脱水机械等（污泥离心脱冲机如图 8.23 所示），在此不一一叙述。

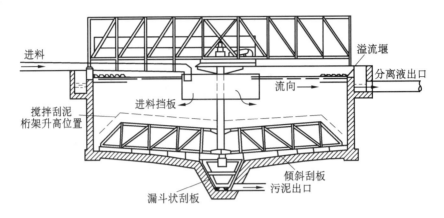

图 8.21　连续式重力式浓缩池

图 8.22　上海白龙港污泥蛋形消化池

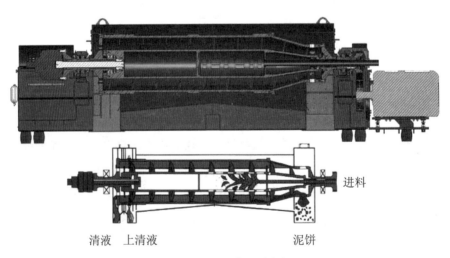

图 8.23　污泥离心脱水机

8.3.6　污水脱氮除磷处理工艺

为了解决水体富营养化问题，近些年，国家对污水处理厂出水中的 N、P 指标控制得越来越严，因此原有的城镇污水处理厂越来越少使用常规工艺，脱氮的处理工艺应用得越来越多，比如 A/A/O 工艺、A/O 工艺、CAST 工艺、SBR 工艺等。由于生物处理法的原理基本是相同的，只要学好常规的活性污泥法处理原理、设计计算，这些计算内容都比较任意掌握，在此不再赘述。A/A/O 工艺流程示意图如图 8.24 所示。

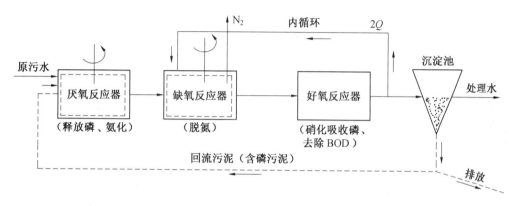

图 8.24　A/A/O 工艺流程示意图

8.3.7　污水的生物膜处理法

生物膜法是利用污水流经附着在某种载体上的生物膜的过程来处理污水的方法。

1. 生物膜及生物膜结构

生物膜就是高密度附着生长在某些滤料或载体上的好氧菌、厌氧菌、兼性菌、真菌、原生动物以及藻类等组成的生态系统，是在滤料或载体上形成膜状生物性污泥的统称。

生物膜中参与净化反应的微生物具有多样性，生物的食物链比较长，生物膜上生物的世代时间较长，可以分段运行而使不同菌属在不同情况下占优势，因此生物膜法在工艺上对水质、水量变动适应性强，能够处理低浓度的污水，具有硝化、反硝化、脱氮的功能，易于维护运行，节能低耗；所产生的污泥沉降性好，易于固液分离。

生物膜的结构自滤料向外可分为厌氧层、好氧层、附着水层、流动水层，生物滤料的生物膜结构如图 8.25 所示。

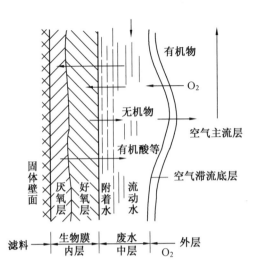

（a）生物膜结构示意图

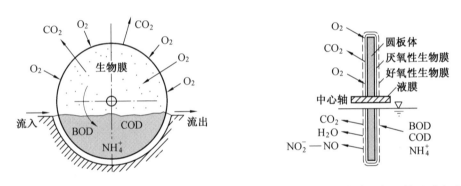

（b）生物膜（生物转盘）有机物转化示意图　　　（c）生物膜（生物转盘）氧环境及反应示意图

图 8.25　生物滤料的生物膜结构

2. 生物膜处理工艺构筑物

生物膜处理法主要体现在构筑物的结构和载体上，其构筑物在污水处理工艺中的位置和曝气池的位置相同，其前后的设施和构筑物可根据实际的设计有所不同。根据生物膜构筑物的不同，在工艺上可分为普通生物滤池、生物转盘、生物接触氧化池等。具体的生物膜构筑物如图 8.26～8.28 所示。

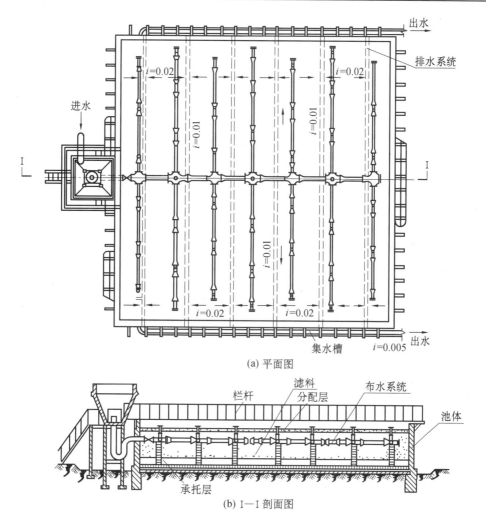

(a) 平面图

(b) Ⅰ—Ⅰ 剖面图

图 8.26　生物膜法——生物滤池（单位：mm）

图 8.27　生物膜法——生物转盘

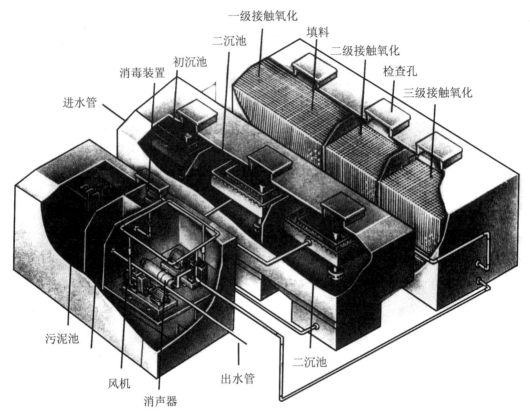

图 8.28　生物膜法——生物接触氧化池（地埋式）

8.3.8　污水其他生物处理法

以上介绍的生物处理法是在水处理工程中最常用的污水处理方法。除此之外还有很多其他处理法，我们会在以后的专业学习中学到，如氧化塘处理法、氧化沟处理法、生物流化床、膜分离技术、超滤和微滤法等。

8.4　水质工程学（Ⅱ）课程设计

无论是水质工程学（Ⅰ）课程，还是水质工程学（Ⅱ）课程，都要在主要理论和设计计算讲授完成之后，专门利用 1～2 周的时间开设工程实践课程。如水质工程学（Ⅱ）课程设计的名称为"城市污水处理厂工艺设计"。

8.4.1　水质工程学（Ⅱ）课程设计的教学目的

"城镇污水处理厂工艺设计"是本专业本科学生培养计划中一个重要的实践性教学环节，是学生在学完"水质工程学（Ⅱ）"课程内容后必须进行的课程设计。

通过课程设计，学生具有掌握并综合运用"水质工程学（Ⅱ）"基本理论和专业知识的能力，学会了城镇污水处理工艺系统的选择和单元构筑物设计计算，初步掌握独立分析问题和解决实际工程问题的能力。通过本课程设计训练，同学们可初步获得理论分析与工程设计计算能力、应用计算机的能力、工程制图和编写说明书的能力。

8.4.2　水质工程学（Ⅱ）课程设计的主要内容和要求

水质工程学（Ⅱ）课程设计要求在 2 周内完成城市污水处理厂工艺设计方案。主要内容如下：

（1）完成手写设计任务说明书：1 份，总篇幅 1 万字以上，每行 25 字，每页 20 行，保证 30 页以上。

（2）手写说明书内容包括：①前言；②目录；③原始资料；④正文（工艺流程、设计计算、计算草图、公式、参数）；⑤结论；⑥参考资料等。

另：处理系统高程布置图放到最后，作为附录处理（A3）。

（3）图纸要求：以 A1#图纸计，完成污水处理厂平面图 1 张、高程图 1 张、单体构筑物工艺图 1 张，可手绘或计算机出图，图纸规范。

（4）设计参数总表：课程设计完成之后，需要提交一份参数设计总表，具体见表 8.2。

表 8.2　水质工程学（Ⅱ）课程设计参数设计总表

原始数据	设计水量	BOD 进	SS 进	BOD 出	SS 出	衔接设施	地面标高
格栅	渠深 h_1	B1	槽深 h_2	B	过栅流速		水面标高
沉砂池	HRT	池长×宽或其他尺寸	有效水深	沙斗尺寸	进水渠形式及尺寸	出水堰水头	水面标高
曝气池	污泥负荷	污泥浓度	廊道（深×宽×长度）	曝气池尺寸（长×宽）	曝气池个数	集配水井及进水管管径	水面标高
二沉池	表面积负荷	直径或池（长×宽）	有效水深	进水管及进水竖井尺寸	堰上负荷	三角堰个数及形式	水面标高

续表8.2

二沉池	表面积负荷	直径或池（长×宽）	有效水深	进水管及进水竖井尺寸	堰上负荷	三角堰个数及形式	水面标高
贮泥池	外形尺寸	池深	池容	贮泥时间	初沉—贮泥衔接及参数	浓缩—贮泥衔接及参数	水面标高
浓缩池	污泥量	直径	深度	浓缩时间	二沉—浓缩衔接及参数	浓缩—消化提升高度	水面标高
消化池	投配率/SRT	直径	高度		沼气产量	一二级高差	水面标高

8.4.3 水质工程学（Ⅱ）课程设计成绩评定

水质工程学（Ⅱ）课程设计成绩主要从以下几方面进行评定：

（1）设计说明书的完整性：封面、前言、目录、正文、结论、参考文献等要齐全。

（2）书写质量：设计说明书的格式、版式、标题层次、设计草图都应该完整、清晰，书写的字迹美观。

（3）设计说明书的数据准确性：设计说明书主要依据收集的原始资料和原始数据计算，其中格栅、沉砂池、初沉池、曝气池、二沉池等各个参数的选取，池体及构筑物的计算，各构筑物衔接方式的叙述，进出水装置设计都应该体现；污泥沉淀、污泥浓缩、污泥消化等工艺都应该进行设计计算并明确体现在说明书上。

（4）设计图纸的质量：布置的合理性，图线的准确性，字号及标注位置的大小和美观性，构筑物形制及细部是否清楚、间距是否合理。

（5）平时成绩：包括出勤、提问、进度等方面的考核。

水质工程学（Ⅱ）课程设计成绩评定表见表8.3。

表 8.3　水质工程学（Ⅱ）课程设计成绩评定表

考察内容	评分项目		得分	合计
1.设计说明书的完整性（6分）	封面+前言	【2分】		
	目录+页码	【2分】		
	结论+参考文献	【2分】		
2.书写质量（8分）	字迹清楚，整洁，字体美观	【4分】		
	标题层次，格式，版式，图表标号及标题	【4分】		
3.设计说明书的数据准确性（46分）	（1）原始数据：地区气候、水文等资料，水量计算，水质计算	【2分】		
	（2）格栅：计算（1分）+草图（1分）	【2分】		
	格栅→沉砂池：进水渠道计算，尺寸	【2分】		
	（3）沉砂池：计算（1分）+草图（2分）	【3分】		
	沉砂池→初沉池：①沉砂池出水设施，②沉砂池出水分配情况，③初沉池进水设施，④连接管的管径、流速、坡度、管材	【2分】		
	（4）初沉池：计算（2分）+草图（2分）	【4分】		
	初沉池→曝气池：①初沉池出水设施，②初沉池进到曝气池水量分配情况，③曝气池进水设施，④连接管的管径、流速、坡度、管材	【2分】		
	（5）曝气池：计算（2）+草图（2）+曝气管路系统草图（2）	【4分】		
	曝气池二沉池：①曝气池出水设施，②曝气池进到二沉池水量分配情况，③二沉池进水设施，④连接管的管径、流速、坡度、管材	【2分】		
	（6）二沉池：计算（2分）+草图（2分）	【4分】		
	二沉池出水收集，水量分配设施，回流管道的设计及布置	【2分】		
	（7）污水消毒+浓缩池+贮泥池+污泥脱水及外运	【4分】		
	（8）消化池：计算（1）+草图（2）	【3分】		
	（9）污水厂：选址+平面布置原则（1）；高程控制点的选择（1）	【2分】		
	（10）污水高程计算及计算表	【4分】		
	（11）污泥高程计算及计算表	【4分】		
4.设计图纸的质量（30分）	（1）平面图：①图线表示清楚、布置合理、管线齐全；②构筑物布置合理、间距合理；③一览表、图注、比例尺、字号	【12分】		
	（2）高程图：数据与说明书一致，字号及标注位置大小美观	【8分】		
	（3）构筑物细部图：细部表达准确、清楚，标题栏符合要求	【10分】		
5.平时（10分）	出勤、提问、进度			

8.5　水质工程学（Ⅱ）课程的能力要求

由前文可知，在水质工程学（Ⅱ）的课程中涵盖的内容非常多且重要。总体来讲，本门课程不但有学习知识、设计计算的要求，还有学习运行管理的要求。这些要求具体体现的能力如下。

8.5.1　具有应用学习的理论分析解决问题的能力

在学习水质工程学（Ⅱ）中的物理处理、活性污泥法处理、生物脱氮除磷、生物膜法处理、污泥的厌氧消化等理论之后，学生应具有应用这些理论知识分析当今社会中的污染现状成因、给出初步的处理方案和方法、给一些非业内人士解释和介绍相关的治理理论和知识的能力。

在进入到与本专业联系密切的岗位后，学生应具有自我学习、获取知识的能力；能够在适应和熟悉岗位后，利用所学的专业知识和理论解决或解释复杂的水污染及治理问题；能作为专家及时与相关人员沟通，对污水处理方案及项目进行正确评判；能够在水处理领域的治理规划及方案设计中给出正确的建议和选择。

8.5.2　具有运用所学进行设计施工的能力

本课程很重要的一部分内容是学习构筑物设计计算，主要针对常规污水处理工艺。在学习过程中需要学会各个参数的选择、各个构筑物的细部计算、各个构筑物的衔接计算等。想要正确表达工程设计思路。设计能力是本课程必备的能力，而设计能力除了体现在设计计算正确，还包括能够正确表达图纸。

在学习设计的过程中，重要的一点是学会工程识图。对识图能力的要求仅出于设计的需要，同时也是进入施工单位的必备基础，具备了较强的识图能力，不但能够从事本专业的施工识图工作，对于其他专业的图纸也很快能熟悉起来。

8.5.3　具有解决污水处理厂及污水处理设施运行问题的能力

水质工程学（Ⅱ）在讲述每个相应的工艺和处理设施的同时，也比较注重运行问题的解决。学生通过所学，应能具备解决污水处理厂或污水处理设施运行问题的能力。

8.6　排水方向的就业单位及岗位

第1章中介绍过本专业就业的前景和就业岗位情况，就业率相对较高是大家的共识，但对于每个个体来说就业单位和岗位有所不同，可根据个人的兴趣、爱好及条件有不同的选择。

排水方向的发展就业主要包括以下几方面。

第一，考研。随着国民素质的提高，人们对高学历的需求和追求使考研成为一个比较重要的选择。由于前文没有介绍，在此提示：考研不分上述所提的方向，考上之后也暂时无法确定，只有选择导师之后才能由导师协助明确研究方向。但无论怎样，考研对于相当一部分人来说是一个很重要的选择，最好在大学一年级的时候就定下目标。

第二，一些政府和事业单位的相关岗位。近些年来，随着国家改革力度的增大，可选择的事业单位的数量也越来越少，合适的岗位较少，且需要参加相应的考试，导致这个就业方向较难且不易掌控。在排水方向，政府部门和事业单位的就业岗位有建设管理部门、环境保护部门、水利水务部门、城市规划管理部门等等。由于这些部门的下属单位特别多，不便一一列举，只要是和城市（镇）污水管理有关的岗位都可以报考。

第三，设计、施工、建设单位及环保公司。这是除了个别以研究型为主的大学之外，大部分本专业的本科生就业渠道。这类单位非常多，主要有：中建系列的单位、中铁系列单位、省建系列单位、市建系列单位及一些环保公司，这些不同级别的系列单位包括非常多的建设单位、设计单位、施工单位、运营单位等。值得注意的是，有些单位最初的招聘要求非常高，但由于可选对象人数太少，往往会在最后由于你的坚持而录用。

第四，工业、企业及公司。这类单位是我们另一个比较重要的就业渠道。随着国家对工业企业废水处理的日益重视，一些用水量比较大、效益较好的企业都非常注重企业污水的治理，比如石油石化公司、大型冶炼及化工企业、大型机械制造企业等等。这个方向在同学们找工作时往往会发掘出比我们的想象多得多的就业单位。

第五，污水处理厂、污水处理站。目前国家对环境水体的治理已经达到空前的高度，污水处理厂不仅在城市中建设，还已经推广到各个县，乃至在有一定规模的村镇如同雨后春笋般遍地开花，而真正学习相关专业的技术人员数量却远远不够。因此可以相信，几年后在此方向上一定会有大量的就业岗位。

本 章 习 题

1. 学习水质工程学（Ⅱ）课程之前必须要学习哪些课程？

2. 水质工程学（Ⅱ）中要学到哪些污水处理工程技术原理？

3. 水质工程学（Ⅱ）中要学习的课程内容有哪些？

4. 水质工程学（Ⅱ）课程学完之后有哪些能力要求？

5. 简单叙述排水方向的就业单位及岗位。

6. 画出城市污水处理厂常规工艺流程图？请注意管线的表达和布置。

7. 请叙述城市污水处理厂常规工艺各个构筑物的作用及学习的内容。

8. 污水脱氮除磷有哪些工艺？请绘出 A/A/O 工艺流程图，并标注各个部分的功能。

9. 什么是生物膜？生物膜的结构是怎样的？

10. 生物膜处理工艺构筑物有哪些？

第9章 水质工程学（III）课程内容及能力要求

9.1 水质工程学（III）课程性质

水质工程学（III）原课程名称是"工业水处理"或"水处理新技术"，根据每个学校的侧重点不同，采取的课程名称不同，一般将该课程设置成专业选修课。但在课程名称改成水质工程学（III）之后，该课程通常被设置成必修课，学时为24～32学时，学分为1.5～2.0学分；开设时间一般设置在第6学期下半学期或第7学期。

水质工程学（III）是给排水科学与工程专业的继水质工程学（I）和水质工程学（II）课程的进一步深化专业课程。通过本课程的学习，在之前学习的专业知识基础之上，进一步学习特种废水处理技术的基本原理、工艺流程、设计计算，以及新工艺和新技术等，为将来从事特种废水治理工作打下基础。

9.2 水质工程学（III）课程学习内容

水质工程学（III）主要学习工业水处理技术和水处理行业的新工艺、新技术。所谓工业废水，有时也称特种废水，即工业生产过程中排出的废水和废液，其中含有随水流失的工业生产原料、中间产物、副产品以及生产过程中产生的污染物，是造成环境污染，特别是水污染的重要原因。本课程主要学习控制工业废水污染源的基本途径。工业水处理是通过实行清洁生产和循环利用，减少废水排出量和降低废水中污染物的浓度。

9.2.1 水质工程学（III）讲述的物理处理方法

沉淀理论、混凝絮凝理论等已经在水质工程学（I、II）中详细讲过了，在实际应用中，在水处理过程中，尤其是在工业废水处理中还需要用到很多其他物理处理方法，因此在水质工程学（III）中还要详细介绍调节、离心分离、除油、过滤、结晶、蒸发筛滤等常用方法。

1. 调节及调节池

工业废水由于单位时间内的流量和水质变化较大，因此，为保证进入污水处理系统内水质和水量的稳定，需要对进入污水处理系统内的废水进行水质水量调节，这种调节最普遍的是酸碱调节。例如，某工业生产中，上午产生的是酸性废水，而下午产生的是碱性废水，在设计中将上、下午产生的生产废水混到一起就会产生中和反应，而由此使水处理变得容易；再如白班产生的水量大，夜班产生的水量小，若是不对水量进行蓄积调节，那么水处理系统单位时间内处理的水量不稳定，而由此导致水处理系统处理效果较差。

在工业水处理中实施调节的工程设施是调节池。调节池结构示意图如图 9.1 所示。

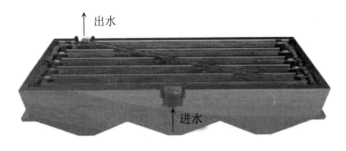

图 9.1　调节池结构示意图

2. 离心分离

离心运动中，颗粒物和废水的密度不同，因此受到的离心力大小也不同，密度大的被抛向外围，密度小的留在内圈，从而实现分离，称为离心分离法。废水处理中，污泥脱水、油的脱水等均应用了离心分离技术（图 9.2）。

离心分离是通过离心分离设备进行的，离心分离设备分为离心机和水力旋流器两种。

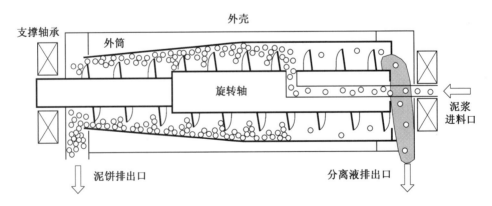

图 9.2　离心机分离示意图

3. 除油

工业废水中，含油废水及其处理是常见的，对于溶解性油一般采用萃取、吸附、膜分离、臭氧氧化等方法；乳化油采用旋流离心分离、过滤、电解或"破乳-混凝-气浮"等工艺进行处理；重油、浮油与分散油采用重力浮上分离法去除，其构筑物为隔油池和除油罐。

工业水处理中，最常用的是隔油池和除油罐（图 9.3），主要依靠重力作用，油上浮，水下行，自然实现分离。

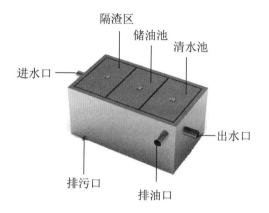

（a）隔油池结构示意图

（b）隔油池实际隔油效果图

图 9.3　隔油池示意图

4. 过滤

工业废水中的悬浮细纤维（长 1～200 mm）能堵塞排水管道，缠绕水泵叶轮。悬浮细纤维不能用格栅、沉淀方法去除，通常采用过滤方法去除。所谓过滤就是通过过滤介质的表面或滤层截留水中的悬浮杂质，使水获得澄清的工艺过程。过滤通常用于处理处理毛纺、化纤、造纸、中药等生产过程产生的废水。过滤设备原理示意图如图9.4所示。

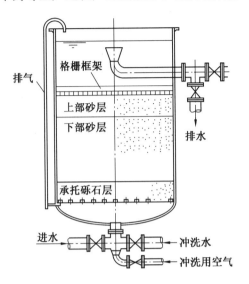

图9.4 过滤设备原理示意图

9.2.2 水质工程学（Ⅲ）讲述的化学处理方法

在水质工程学（Ⅱ）中，我们基本没有介绍污废水的化学处理方法，因为城镇污水水质成分不复杂且比较稳定，水量比较大，因此多采用比较经济的生物处理方法，很少采用化学处理方法。而对于工业废水而言，由于其水质成分复杂且变化比较大，水量较小，在经济上采用化学方法是可行的。

化学方法主要处理的对象是低浓度酸碱、重金属离子、难降解有机物。在水质工程学（Ⅲ）中，工业废水处理常用的化学方法如图9.5所示。

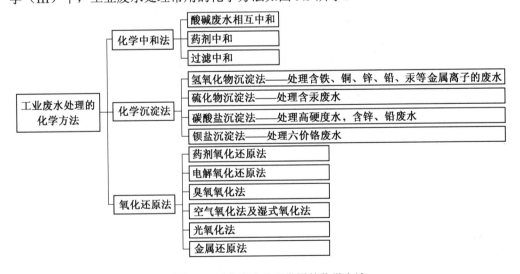

图9.5 工业废水处理常用的化学方法

1. 化学中和法

在工业生产中，能够排酸的企业有煤加工厂、电镀厂、化工厂、化纤厂；能够排碱的企业有造纸厂、印染厂、金属加工厂、炼油厂等。化学中和法是利用酸、碱废水相互中和的化学反应去除这些企业废水中的酸和碱，以废治废，使废水 pH 达到中性左右的过程。

化学中和通常结合调节池来进行酸碱中和。

2. 化学沉淀法

化学沉淀法是指向废水中投加沉淀剂，使之与溶解在水中的某些物质发生化学反应，形成难溶的固体物，然后在重力作用下进行固液分离的方法。其原理与混凝沉淀不同，混凝沉淀不发生化学反应。化学沉淀法的处理对象一般是工业废水中的金属离子（如 Hg^{2+}、Pb^{2+}、Zn^{2+}、Ni^{2+}、Cr^{6+}、Cu^{2+}）及阴离子（P^{3-}、As^{3-}、F^-、S^{2-}、B^{3-}）；或用于水质软化，去除钙盐、镁盐和二氧化硅。

根据沉淀剂的种类不同，可将化学沉淀法分为以下几种：氢氧化物沉淀法，处理含铁、铜、锌、铅、汞等金属离子的废水；硫化物沉淀法，处理含汞废水；碳酸盐沉淀法，处理高硬度水，含锌、铅废水；钡盐沉淀法，处理六价铬废水。

化学沉淀法的工艺流程：沉淀剂的投配→混合反应→沉淀→沉渣处理与回收（金属）。

3. 氧化还原法

通过氧化还原反应，把废水中的有毒有害物质转化为无毒无害的新物质而去除的方法，称为氧化还原法。氧化还原法可分为常规氧化法、高级氧化法和还原法（图9.6）。

（1）常规氧化法。

常规氧化法是比较常用的氧化法，根据具体水质情况可分为空气氧化法、氯氧化法、臭氧氧化法、过氧化氢氧化法、高锰酸钾氧化法及三氯化铁氧化法等。

（2）高级氧化法。

高级氧化法是近些年比较受重视的方法，对于一些难降解、特殊的污染物或剩余污泥等物质，在条件允许的情况下经常被采用。具体可分为：紫外光处理法、电场氧化法、超声波法、磁场处理法、微波处理法、辐射处理法。

（3）还原法。

还原法也是在工业废水处理过程中常采用的方法，但由于还原法对采用的药剂、耗能及反应条件要求较高，往往在使用中受限。还原法具体可分为电解还原法、单质金属过滤还原法及药剂还原法。

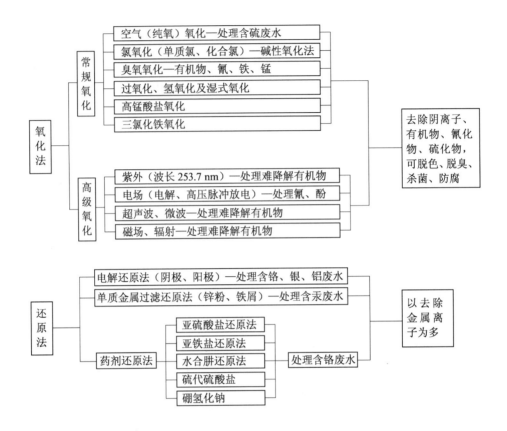

图 9.6　工业废水处理常用的氧化还原法

9.2.3　水质工程学（Ⅲ）讲述的特种废水处理

通过对前面水质工程学（Ⅲ）课程的学习，可以初步掌握工业污废水（特种废水）处理技术的基本原理、工艺流程、设计计算等。工业水处理具体要讲述的主要内容如下。

1. 工业废水综合处理流程

工业废水中的污染物质成分多种多样，在本课程学习中大概涉及以下类型的废水处理：发酵废水处理技术、肉类加工废水处理技术、制革废水处理技术、印染废水处理技术、制浆造纸废水处理技术、精细化工废水处理技术、石油化工废水处理技术、焦化废水处理技术、重金属废水处理技术、集成电路废水处理技术、医院污水处理技术、垃圾渗滤液处理技术。

在学习的过程中，不但要学习这些污废水的处理技术及方法，而且要熟悉这些工业企业生产工艺，并能对企业生产工艺进行清洁生产分析、核算水量，然后针对不同的水质情况，采取不同的技术路线进行处理。在本章中主要挑选几个有代表性的特种废水处理技术进行介绍。

一个工厂的废水往往需要采用多种方法组合形成处理工艺系统，才能达到预期要求的处理效果。为了直观表达这些特种废水处理的工艺流程和技术路线，特将这些技术并列展示在一个流程图中，在实际设计和工程中，可根据水质情况而选择不同技术路线（图9.7）。

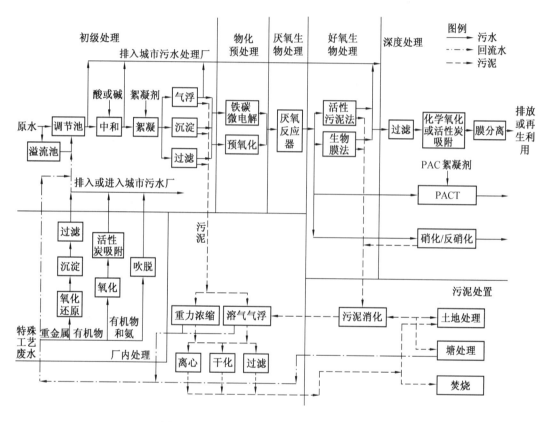

图 9.7　工业废水处理可用方法与工艺流程图

2. 发酵工业废水的处理

发酵工业是利用微生物的生命活动产生的酶，对无机或有机原料进行加工获得产品的工业。食品与发酵工业的行业繁多、原料广泛、产品种类多。发酵过程中，主要利用原料中的淀粉，而其他未被完全利用的成分（蛋白、脂肪、纤维等）大部分随水流失，成为发酵工业废水。其排出的废水水质差异大，主要特点是有机物质和悬浮物含量较高、易腐败，一般无毒，但会导致受纳水体富营养化，造成水体缺氧，水质恶化。

我国食品与发酵行业排放废水总量 28.12 亿 m^3，其中废渣 3.4 亿 m^3，废渣水中的有机物总量为 944.8 万 m^3。发酵工业废水根据行业的不同，可分为酒类废水、味精废水、糖类废水、乳品废水、柠檬酸废水、抗生素类生物制药废水等。

发酵工业废水的处理并不是简简单单地进行处理工艺的选择，而是需要对整个工艺进行清洁生产规划，进行水量规划与核算。发酵工业废水的水量规划与核算如图 9.8 所示。

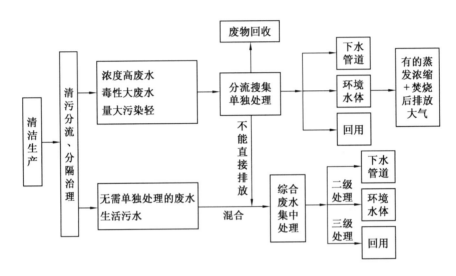

图 9.8　发酵工业废水的水量规划与核算

在对工厂企业的清洁生产规划和水量核算完成之后，需要对具体的工艺进行分析，从而设计出针对该企业废水水质的处理工艺，如对某酿造企业的高浓度废水的处理工艺流程和废水治理工艺流程组合总框架图如图 9.9 和图 9.10 所示。

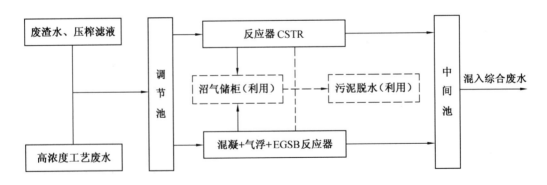

图 9.9　某酿造企业的高浓度废水的处理工艺流程

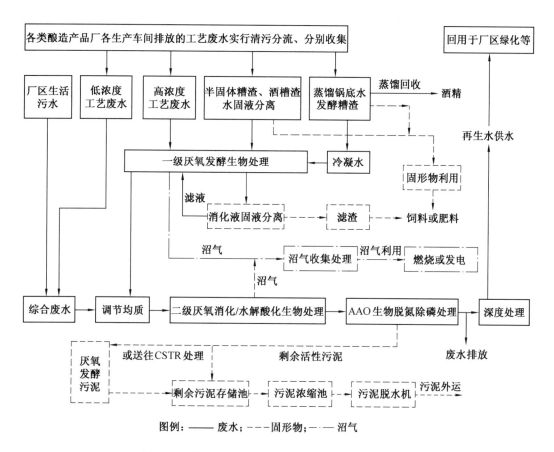

图 9.10　某酿造企业废水治理工艺流程组合总框架图

3. 肉类加工废水的处理

肉类加工业是指猪、牛、羊等畜类和鸡、鸭、鹅等禽类的屠宰及其肉食品和副食品生产的工业。肉类加工过程中，未被利用的血污、油脂、油块、毛、肉屑、内脏杂物、未消化的食料和粪便等随水流失；大量有机物进入水体后，会消耗水中的溶解氧，造成鱼类和其他水生生物因缺氧而死亡；缺氧还会促使水中和底部的有机物在厌氧条件下分解，产生臭味，恶化水质，污染环境，危害人畜。全国每年排放肉类加工废水约 20 亿 t，占废水总排放量的 6% 左右。

在进行这类废水处理设计的时候，要进行污染源的来源调查，要对屠宰加工的产污环节进行分析（图 9.11），然后依据企业废水的水质设计出有针对性的污废水处理工艺流程（图 9.12）。

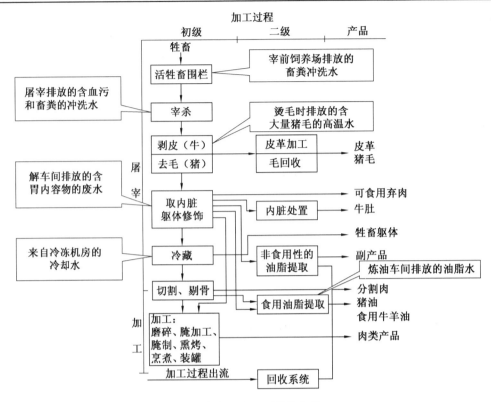

图 9.11　屠宰加工产污环节的分析

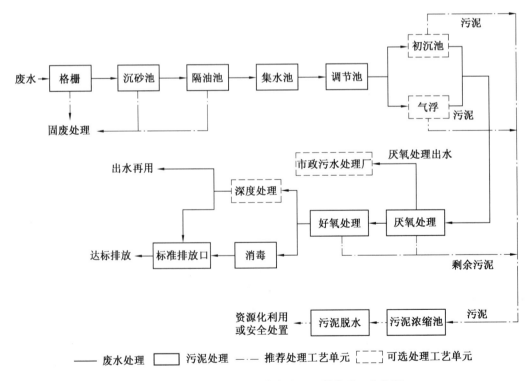

图 9.12　屠宰与肉类加工废水治理工程典型工艺流程

4. 制革工业废水的处理

制革工业是指将生皮鞣制成熟革的工业。制革过程中，只有20%左右的原料皮转化为皮革，未被利用的部分及盐、染料等多种化工原料和助剂随水流失，成为制革工业废水。全国每年排放制革废水8 000万t，占废水总排放量的0.3%。制革工业生产工序中产生的废水及成分见表9.1。

表 9.1　制革工业生产工序中产生的废水及成分

工　序	加入辅料	作　　用	废水成分
浸水	渗透剂、防腐剂	使皮恢复鲜皮状态	血、水渗性蛋白、盐等
脱脂	脱脂剂、表面活性剂	去除皮表面及肉部油脂	表面活性剂、蛋白、盐等
脱毛浸灰	石灰膏、硫化钠	去掉表皮及毛，并使松散胶原纤维皮膨胀	硫化钠、石灰、硫氢化钠、蛋白质、毛、油脂等
水洗	—	洗掉表面的灰	硫化钠、石灰、硫氢化钠、蛋白质、毛、油脂等
片皮	—	分层	皮块等
灰皮水洗	—	洗掉表面灰	皮块等
脱灰	铵盐、无机酸	脱去皮肉外部灰，中和裸皮	铵盐、钙盐、蛋白质等
软化洗水	酶及助剂	皮身软化，降低皮温	酶及蛋白质等
浸酸	NaCl、无机酸、有机酸	对鞣皮酸化	酸、食盐等
鞣制	铬粉及助剂、碳酸氢钠	使胶原稳定	铬盐、硫酸钠、碳酸钠等
水洗	—	—	铬盐、硫酸钠、碳酸钠等
中和水洗	染料、有机酸、加脂剂及助剂	中和酸性皮	中性盐
染色加脂	—	上色，并使革柔软丰满	染料、油脂、有机酸等
水洗	—	—	染料、油脂、有机酸等

制革工业废水最明显的特征是水质水量波动较大，水质变化系数达到10左右，高峰排水量为2～4倍的日平均排水量，因此其处理工艺流程图也比较复杂（图9.13）。

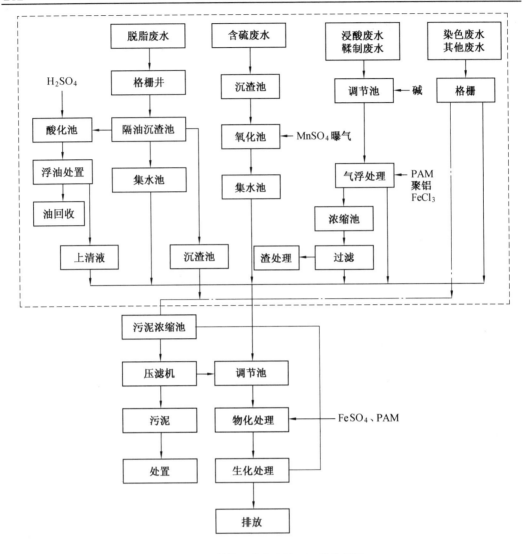

图 9.13　制革工业废水处理工艺流程图

5. 制浆造纸工业废水的处理

我们日常使用的纸张看着不起眼，实际上生产它所使用的原料和生产过程对我们的环境会产生重要的影响。要想处理好一种工业废水，必须先要了解其工艺流程和过程，从而了解排出的废水中的污染成分。目前生产纸张的主要原料还是以木纤维为主，也就是树木，在将树木生产成纸浆及成纸的过程中还会对环境造成极严重的危害和污染；制浆造纸废水已被美国和日本等国列为公害，对环境污染最为严重，是工业废水达标处理面对的首要问题。从广义上讲，造纸=制浆+抄纸；从狭义上讲，造纸=抄纸。造纸的过程如图 9.14 所示。

图 9.14　造纸的过程

　　制浆造纸工业这个过程不但会使用大量的水，而且会产生很严重的水污染现象，我们经常举例的红液、黑液、白液现象就是制浆造纸工业产生的废水。制浆造纸工业废水的产生如图 9.15 所示。

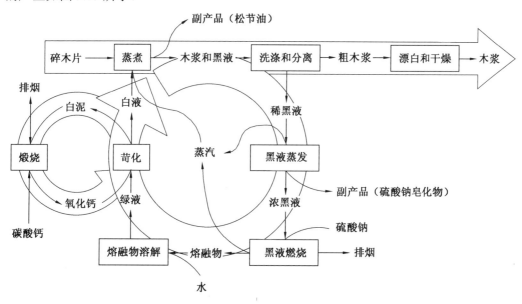

图 9.15　制浆造纸工业废水的产生

在制浆造纸工业废水处理中，由于水量水质变化较大，通常设置调节池，内设预曝气装置；设置格栅、筛网、沉淀、气浮进行去除含有的高 SS 及部分颗粒 COD；而对于主要的高浓度难降解有机废水，以生物法处理为主，前后辅以物理、化学、物化法。如在城市污水厂应采用厌氧法或厌氧法+好氧法。其中好氧法包括 SBR、CASS、氧化沟、A/O 等；厌氧法包括水解酸化、UASB、IC、UBR、厌氧流化床、厌氧接触池等。《制浆造纸废水治理工程技术规范》（HJ 2011—2012）推荐的处理工艺流程如图 9.16 所示。

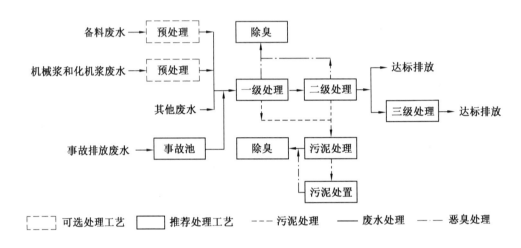

图 9.16　制浆造纸工业废水治理工艺流程图

6. 其他工业企业的废水处理

我国工业企业众多，生产工艺和产生的污废水的情况也各不相同，如印染工业企业的废水处理、石油化工企业的废水处理、医院医疗的污废水的处理、垃圾渗滤液的处理等，因此不能一一进行举例介绍，大家在以后学习该门课程之后都会涉及，只要学好了基础理论和技术方法，建立了正确的专业思维，处理日后工作中的特种废水并不很难。

9.2.4　水质工程学（Ⅲ）讲述的新技术与工艺

本章中讲述的新技术和新工艺并不是最前沿的、新近研究出来的，而是相对于传统的典型处理技术和工艺而言的，因为工厂不是科学实验场，使用的技术和工艺必须经过实践检验。因此一些新技术和新工艺必须进行一段时间的沉淀验证之后，才能真正应用到工程中。

水质工程学（Ⅰ）和水质工程学（Ⅱ）虽然也简要提及了一些水处理新技术和新工艺，但没有详细介绍工艺使用和具体应用的环节。下面在这里简单介绍几个常用的新技术和新工艺。

1. 厌氧生物法为主体的处理新技术与工艺

在进行高浓度有机废水处理（如发酵工业废水处理）的工程时，常用厌氧+好氧生物法为主体的处理工艺。厌氧工艺包括水解酸化池、UASB（上向流厌氧污泥床）、EGSB（厌氧颗粒污泥膨胀床）、IC（内循环厌氧反应器）等。UASB 反应器、IC 反应器如图 9.17 和图 9.18 所示。

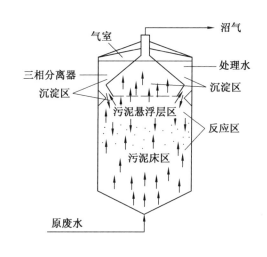

图 9.17　UASB 反应器　　　　　　　　　图 9.18　IC 反应器

2. 好氧生物法为主体的处理新技术与工艺

常用的好氧生物法为主体的处理工艺包括生物接触氧化池、氧化沟、SBR（序批式活性污泥法）、CAST（循环式活性污泥法）等，其中水解酸化+生物接触氧化、UASB+生物接触氧化、UASB+SBR 应用比较广泛。生物接触氧化池、CAST 池构造示意图如图 9.19 和图 9.20 所示。

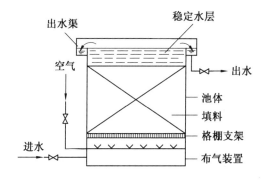

图 9.19　生物接触氧化池构造示意图

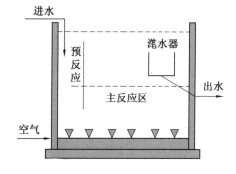

图 9.20　CAST 池构造示意图

3. 序批式生物膜工艺（SBBR）与延时曝气工艺（Carrousel）

SBBR 是在 SBR 工艺中加入了填料，并直接从填料底部曝气，从而在填料上产生上向流的工艺。SBBR 运行过程与 CAST 工艺一样，是传统 SBR 工艺的变形，一般用于屠宰和肉类加工废水处理工程中，具体的典型工艺流程如图 9.21 所示。

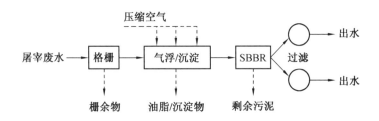

图 9.21 利用 SBBR 水处理工艺流程示意图

延时曝气（Carrousel，卡罗塞尔氧化沟）工艺，是在原有氧化沟工艺基础上发展起来的新工艺，该工艺结合推流和完全混合的特点，提高了缓冲能力，具有明显的溶解氧浓度梯度，特别适用于硝化－反硝化生物处理工艺，形式多样，可与二沉池合建，能耗小，污泥产量少，工艺简单，易于维护管理，其结构示意图如图 9.22 所示。

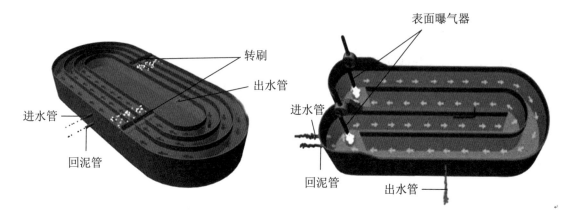

图 9.22 Carrousel 工艺

4. Fenton 法、光催化氧化法、膜分离及反渗透深度处理技术

Fenton 法是一种深度氧化技术，其原理是利用 Fe^{2+} 和 H_2O_2 之间的链反应催化生产·OH 自由基，而·OH 自由基具有强氧化性，能氧化各种有毒和难降解的有机化合物。

光催化氧化法是新型水处理技术，其机理是光照射半导体材料或催化氧化剂，产生自由基（·OH），利用·OH 的强氧化性来达到氧化的目的，采用的半导体有二氧化钛、氧化锌、三氧化二铁等；特点是工艺简单、能耗低、易操作、无二次污染。

利用隔膜是溶剂同溶质和微粒分离的一种水处理方法，根据溶质或溶剂通过膜的推动力的大小，可以分为电渗析、微滤、超滤、纳滤、反渗透。

这些技术通常使用在高浓度、成分极其复杂且难降解的有机废水处理工程中，这些内容在今后的学习中都会涉及。

9.3　水质工程学（Ⅲ）课程的能力要求

由上述内容中可知，工业水处理的课程中涵盖的内容非常多且重要。总体来说，本门课程不但有学习理论的要求，也有学会设计计算的要求和运行管理的要求，这些要求具体体现的能力如下。

9.3.1　具有应用学习的理论分析解决问题的能力

在学习工业水处理中的特种废水处理方式之后，应该具有应用这些理论知识对当今社会中的特种废水处理方式分析优劣，给出合理的处理方式，给一些非行业的人士解释和介绍相关的治理理论和知识的能力。

在进入到与本专业关系密切的岗位后，应具有自我学习获取知识的能力，能够在适应和熟悉所从事岗位之后，利用所学专业知识和理论解决与解释特种废水处理领域的污染及治理问题；能作为专家及时与相关人员沟通，对污水处理方案及项目进行正确评判；能够在水处理领域的治理规划及方案设计中给出正确的建议和方案选择。

9.3.2　能够解决特种废水处理方式运用的能力

在学习每个相应的工艺和处理设施的同时，也需要注重运行问题的解决。通过所学，学生应能够具备解决污特种废水处理方式运用的能力。

本 章 习 题

1. 学习工业水处理课程之前必须要学习哪些课程？

2. 工业水处理中制革废水来源是什么？

3. 工业水处理中课程要学习的内容有哪些？

4. 医院废水处理工艺是什么？

5. 石油化工废水来源是什么？

第10章 给排水工程设备与仪表

10.1 给排水工程材料与基础设备理论

给排水材料与基础设备理论是专业的基础知识，专业基础课程中的材料力学、给排水材料以及专科课中的水工艺设备基础等课程中对这一领域的知识进行了系统化阐述。在给排水设备方向的学习中主要包括水工艺设备的制造、设计、工艺特点、适用条件等相关的基础知识，如常用材料的分类、性能，材料的腐蚀、保温，设备的应力基本理论、机械传动、机械制造加工及热交换理论等。

10.1.1 水工艺设备常用材料

水工艺设备常用材料以金属材料特别是钢材作为重点，阐述水工艺过程中材料的特性和应用范围，依据水工艺设备需求，使学生了解新材料的性能和选型方法，这部分的主要知识点如下：

（1）钢的用途分类：普通碳素结构钢、优质碳素结构钢牌号的含义，通过对这部分的学习，学生可以掌握钢材的选型方法。

（2）钢材的性能因素：影响钢材性能的主要因素，这里着重于不同元素对于钢材的影响。

（3）金属材料的基本性能：金属材料的基本性能，包括导热系数、线膨胀系数、蠕变变形、应力松弛、冷脆性、疲劳破坏等，通过熟悉以上特性参数，能够更好地掌握金属材料的性能，并重点关注温度对材料机械性能的影响。

（4）不锈钢材料性能：不锈钢的概念、成分、分类，以及熟悉不同不锈钢种类的编号方法和适用范围。

（5）有色金属与黑金属：区别有色金属、黑色金属的概念，重点关注铜、铝及其合金的分类，以及产生耐蚀的原因。

（6）常用的无机非金属材料：熟悉给排水工艺及设备中常用的无机非金属材料种类，以及无机非金属材料耐蚀的原因，特别关注陶瓷材料的分类。

（7）常用的高分子材料：熟悉给排水工艺及设备中常用的高分子材料，明确高分子材料的特性如蠕变、应力松弛、老化的概念，掌握高分子材料的使用方法和选型方式。

（8）管道及工艺中常用塑料：熟悉给排水管道和各工艺中常用塑料的组成、分类（热塑性、热固性）、性能特点，常用代号（PE、PP、PVC、ABS）的表征方式。

（9）管道和设备中玻璃钢材料：了解给排水管道和设备中玻璃钢材料的组成、分类（热固性、热塑性）、性能以及应用方式。

10.1.2　材料、设备的腐蚀、防护与保温

腐蚀是影响材料和设备的使用寿命的重要因素，给排水管道、设备等常处于恶劣的工作环境（如低温、外力、水锤等），因此必须对其进行防腐、防护以及保温设计。在学习过程中，学生应掌握腐蚀的成因、危害及防腐策略，特别应掌握管道及设备的防腐、防护与保温相关的知识和内容，以便未来能够将相关知识及技能应用到设计、施工等工作中。具体应掌握的知识点如下：

（1）熟悉腐蚀的概念、腐蚀的分类，明确在给排水专业领域腐蚀的危害。

（2）电化学腐蚀原电池反应的四个基本过程：极化、氢去极化（析氢腐蚀）、氧去极化（吸氧腐蚀）的概念。

（3）金属的全面腐蚀、局部腐蚀的类型及相应概念，给排水过程中包含生化处理以及微生物的影响，关注微生物腐蚀的概念。

（4）给排水管道、设备腐蚀防护体系的构成，不同工艺过程防腐蚀强度设计考虑的因素。

（5）给排水管道与设备电化学保护方法类型（阴极保护；阳极保护）、各自原理、适用条件，熟悉缓蚀剂的作用与应用。

（6）给排水管道与设备的电镀、浸锌等腐蚀防护技术，衬里防护技术（玻璃钢、橡胶）等常用防腐保护措施。

（7）给排水管道与设备保温的目的，常用保温材料的类型，保温结构构成、形式并能够依据要求设计和选型。

10.1.3　相关知识体系

水工艺设备理论涉及大量的材料力学、机械工程、工程热力学等方面的知识，需要学生通过延伸学习掌握相关原理和设计方法。由于水工艺设备、管道内所涉及的水力梯度、温度、分离方式等都需要对应的传动、换热等过程实现，因此掌握相关理论能够对专业设备进行设计、安装，能够以此为基础判断设备运行过程中所出现的问题并加以解决，具体所涵盖的基础理论如下：

（1）薄壁容器的概念；容器的构成。

（2）薄膜应力的概念；圆柱壳的径向和环向应力计算公式；容器封头的形式；压力容器的概念、容器壁厚的确定方法。

（3）传动理论齿轮传动的特点；圆形齿轮传动机构的形式；带传动的构成、分类，链传动的构成、分类，以及各种传动方式传动失效的形式和原因。

（4）导热系数；影响导热系数的因素；傅立叶定律；热阻的概念。

（5）对流换热的概念；影响对流换热的因素以及在换热设备上的实现形式。

（6）凝结换热的概念、类型及各自的特点。

（7）热辐射的概念；辐射换热的本质和特点。

（8）平壁传热过程；传热计算。

（9）传热的增强措施。

10.2　给排水工程常用设备

根据设备应用的领域和范围，我们常把水工艺设备分为通用设备分类和专用设备分类，其中给排水通用设备不仅适用于给排水领域，还包括水力、通风、电力、化工等其他领域都能使用的设备，如水泵、容器类设备等。而给排水专用设备一般指专门用于水处理、建筑给排水等给排水设施的特殊设备，如曝气设备、污泥脱水设备等。以下为常用设备的分类介绍。

10.2.1　容器（塔）设备

容器设备是给排水专业中应用广泛的基础设备，从建筑给排水中的水箱、稳压罐到室外给排水中的调蓄池，甚至水处理工艺中的加药箱等都被认为是典型的容器设备。容器设备并不是简单的盛水容器，为实现不同方面的功能往往需要设置附属管路和附件。

某一典型的反应罐如图 10.1 所示。在学习容器设备相关知识时，应重点关注以下问题：

（1）预紧密封比压、工作密封比压的概念。

（2）容器法兰密封面的形式。

（3）卧式容器、立式容器的支座形式。

（4）安全阀的作用、分类。

（5）爆破膜片的作用。

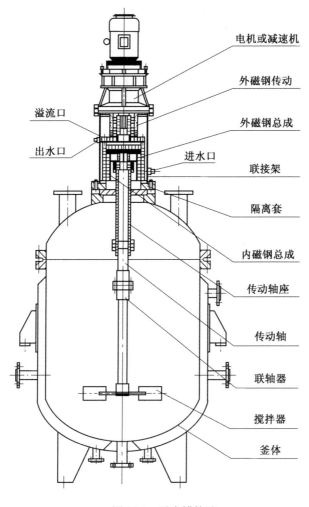

图 10.1　反应罐构造

10.2.2　搅拌设备

不同构造的搅拌器如图 10.2 所示。搅拌设备是水处理系统提供水力梯度、保证传质效率的重要设备，依据不同的任务需求，搅拌方式和搅拌桨类型都有很大的不同。学生通过学习，应能够依据不同工艺条件对搅拌设备进行选型和设计。该部分学习重点有以下几个方面：

（1）按搅拌目的分类搅拌设备的功能。

（2）机械搅拌设备的组成；搅拌器的分类；径向流、轴向流搅拌器的概念和工作原理。

（3）搅拌器附件的形式、作用。

（4）传动装置的构成；联轴器的作用；刚性联轴器、挠性联轴器的类型。

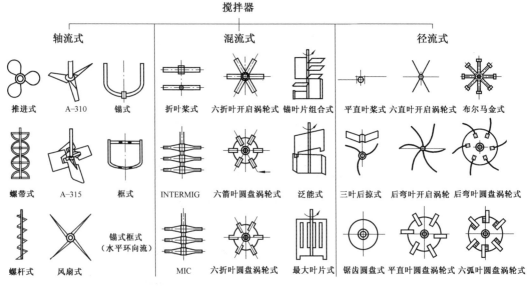

图 10.2　不同构造的搅拌器

10.2.3　曝气设备

　　曝气设备（图 10.3、图 10.4）是污水生化处理中重要的组成环节，依据曝气方式可以分为鼓风曝气和机械曝气等。通过曝气可以提供充足的溶解氧，保证物理化学或生化过程的基本条件。曝气设备的选型与计算是污水生化处理计算中的核心技能，在学习中应重点学习以下内容。

　　（1）曝气的作用；曝气设备的分类及各自的工作过程、工作原理。

　　（2）表面曝气设备的特点及其分类；着重关注立轴式、水平轴式（转刷、转碟）的工作原理、作用。

　　（3）常用风机的工作原理、性能特点。

　　（4）鼓风曝气设备的构成、分类、工作原理及系统计算。

图 10.3　曝气设备

（a）罗茨风机　　　　　　　　　　　　　　　　（b）多级风机

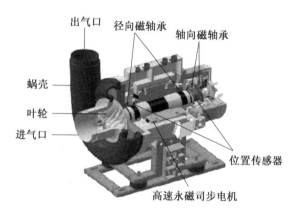

（c）磁悬浮风机

图 10.4　鼓风设备

10.2.4　换热设备

换热设备涉及系统的能量转换，在建筑给排水等课程中的热水系统设计内容将重点学习相关知识。学生应在学习中学会设备的选型与应用，并能够依据不同条件设计最优的换热方式。在所学知识点中，须重点关注以下内容：

（1）换热设备的分类；常用换热设备的类型。

（2）容积式、半容积式、快速式、半即热换热设备的类型、构造、工作过程和特点，注意对比区分并能绘出构造图示（图 10.5）。

（3）换热器的适用条件；换热器选型考虑的因素。

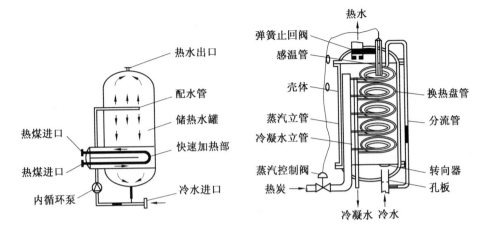

（a）半即热式换热器构造

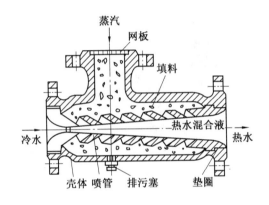

（b）汽水管道混合加热器构造

图 10.5　不同类型加热设备构造图

10.2.5　分离设备

　　分离设备是给排水工程中，种类最多、范围最广的设备类型，因不同的分类原理，分离设备的差异性较大，在学习过程中应先确定最优的分离方式，再依据该分离方式中最佳的技术途径进行设备选型。分离设备及方法将是给水处理、污水处理中重要的知识环节，其重点如下：

　　（1）加压溶气气浮分离设备的工作原理、组成、特点、适用范围。

　　（2）机械格栅按除污耙位置不同的分类；自清式格栅的构造、工作原理；滤网的分类、清污方式。

　　（3）常用机械格栅的工作原理，其构造如图 10.6 所示。

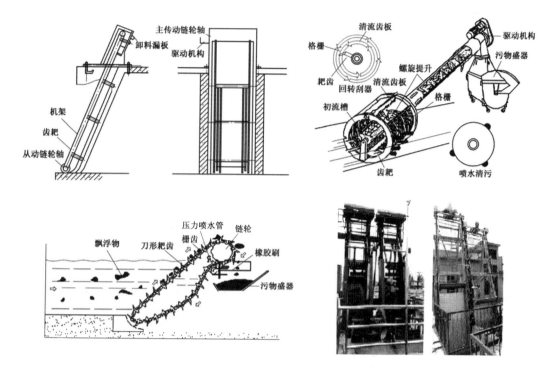

图 10.6　格栅工作原理图

（4）常用膜处理设备的类型、工作原理；电渗析、反渗透、纳滤、微滤膜的工作机理及特点。

（5）膜组件的类型，其构造如图 10.7 所示。

图 10.7　膜组件构造

10.2.6　污泥处理设备

污泥处理设备包含排泥过程、污泥输送、污泥脱水以及污泥最终处置等多个环节，污泥处理设备是典型的给排水专用设备，在水处理过程中意义重大。在学习中应能够依据技术需求进行设计和选型，这一部分内容中重点应关注以下知识点：

（1）排泥设备的分类；刮泥、吸泥方式的适用场合。

（2）行车式排泥设备的类型；行车式吸泥机的构成；吸泥方式的分类（图10.8）。

（3）垂架式和悬挂式刮泥机的区别；刮吸泥机各自的构造形式、特点。

（4）污泥浓缩设备、脱水设备的类型；机械脱水原理和离心沉降机理。

（a）BX型周边传动吸泥机　　　　　　（b）ZC型中心传动刮泥机

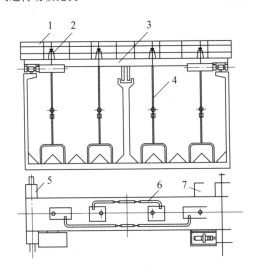

（c）刮吸泥机结构示意图

1—栏杆；2—液下污水泵；3—主梁；4—吸泥管路；5—端梁；6—排泥管路；7—电缆卷筒

图10.8　不同类型排泥机及构造

（5）带式压滤机、板框压滤机、离心脱水机的组成，工作原理和脱水过程、特点。如图10.9所示。

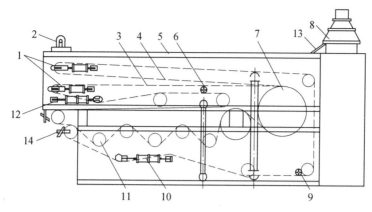

（a）带式压滤机结构示意图

1—上、下滤带气动张紧装置；2—驱动装置；3—下滤带；4—上滤带；5—机架；

6—下滤带清洗装置；7—预压辊；8—絮凝反应器；9—上滤带半冲洗装置；

10—上滤带调偏装置；11—高压辊系统；12—下滤带调偏装置；13—布料口；14—滤饼出口

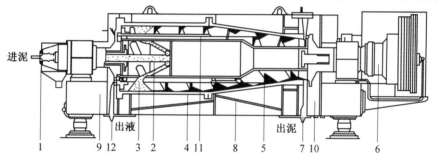

（b）离心分离机结构示意图

1—进泥管；2—入口容器；3—输料孔；4—转筒；5—螺旋卸料器；6—变速箱；

7—排泥口；8—机身；9—机架；10—斜槽；11—阳流管；12—出水口

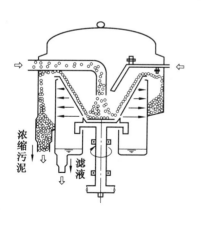

（c）碟式离心分离机

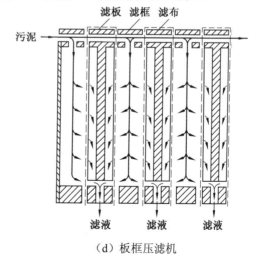

（d）板框压滤机

图 10.9　污泥脱水设备

10.2.7　计量与投药设备

　　计量与投药是给排水专业特别是水处理中重要的辅助装置，对于流量的计量依据流量的大小和被测管线的形式有多种形式，而为保证准确的加药同样需要特性的设备。在设备选型中应关注测试流量、条件，明确介质性质和投加要求，合理确定计量和投药方案。学习中应主要关注以下知识点：

　　（1）常用流量计（转子、电磁、超声波、涡轮、涡街）（图 10.10）的类型、原理、特点和适用范围，注意对比区分以及原理图示。

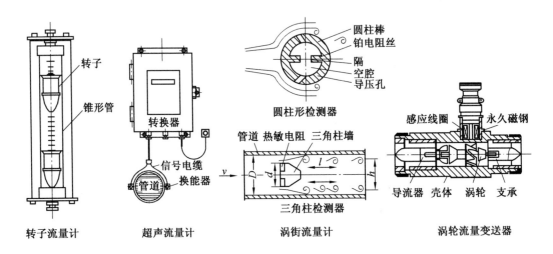

图 10.10　常用流量计

　　（2）计量泵的工作原理；投加计量设备的类型、特点。

　　（3）药剂投加方式的分类，不同投药机构造如图 10.11 所示。

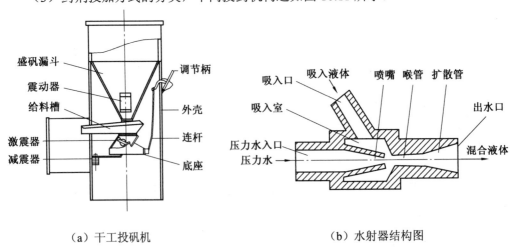

（a）干工投矾机　　　　　　　　（b）水射器结构图

图 10.11　不同投药机构造

10.3　给排水工程常用仪表

10.3.1　给排水工程自控

所谓自动控制，就是利用机械、电气、力学等装置代替人工控制的作用，在不用人工直接参与的情况下，可以自动地实现预定的控制过程。自动控制系统是由控制对象、测量变达器、控制器、执行装置几部分组成的。自动控制系统依据控制方式包括反馈控制系统、前馈控制系统、复合控制系统（前馈-反馈控制系统）。

给排水自控可以极大地提升供排水系统的效率，并由此拓展了专业发展方向，如 SBR 等工艺极大地依赖于水厂的自动化程度。目前给排水自控技术与大数据、云计算以及人工智能等不断结合，给排水系统的智慧化已成为行业的热点和发展趋势，希望同学们能够拓展专业知识，关注这一领域的发展动态。

10.3.2　ICA 与典型给排水仪表设备

仪表、控制和自动化（ICA）技术在污水处理领域的重要性越来越明显，在未来 10～20 年内其投资将占整个污水处理系统投资的 20%～50%。

1. ICA 技术可为污水处理厂的运行带来的优势

（1）降低系统的运行能耗，保证系统的高效运行。

（2）保证出水水质稳定并满足污水排放标准。

（3）增加污水厂的处理能力，在现有污水厂反应器容积下充分提高系统的脱氮率，无须改建或扩建污水处理厂。

2. 典型的给排水仪表设备

在控制和自动化领域，实现高级控制工具（模型预测控制、模糊逻辑、神经网络、多变量统计分析、在线模拟）的稳定高效也是 ICA 技术发展的趋势，基于软件的监测和探测技术也是其未来发展的重要领域。支持 ICA 技术的核心是底端的传感器，即给水排水工程自动化常用仪表，依据测试对象和控制需求，可以将仪表分为以下几大类：

（1）过程参数检测装置及仪表。

过程参数仪表包括：各种水质（或特性）参数在线测量装置，如浊度、pH、电导率、溶解氧等；给水排水系统工作参数的在线检测仪表，如流动电流检测仪、透光率脉动检测仪，以及压力、液位、流量等仪表如图 10.12 所示。

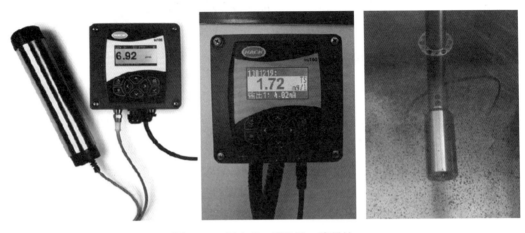

图 10.12 压力表、液位计、流量计

（2）过程控制仪表。

过程控制仪表包括以微电脑为核心的各种控制器，如微机控制系统、可编程序控制器、微电脑专用调节器等；常规的调节控制仪表，如各种电动、气动单元组合仪表等如图 10.13 所示。

图 10.13 调节控制仪表

（3）调节控制的执行设备。

调节控制的执行设备包括各种水泵、电磁阀、调节阀以及变频调速器等。图 10.14 所示为典型自动检测供药系统、调节阀和变频器。

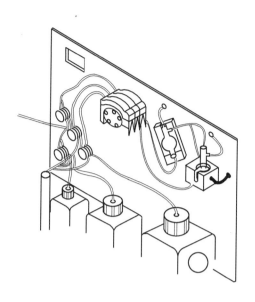

（a）供药系统

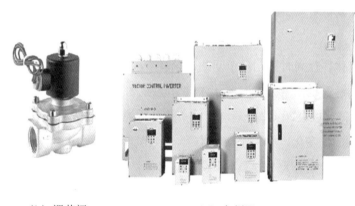

（b）调节阀　　　　　　　（c）变频器

图 10.14　典型自动检测供药系统、调节阀、变频器

（4）其他机电设备。

其他机电设备如交流接触器、继电器、记录仪等。

10.3.3　水处理工程自控系统

水处理系统的控制技术种类较多，其中依据设施规模、布置、形式、扩建、维护管理体制、经济性等方面考虑，可以将监视控制方式可分为以下几种。对应不同类型的水处理设施，最佳的监视控制方式见表 10.1。

表 10.1　最佳的监视控制方式

处理厂规模	监视控制方式
小型处理厂	分别监视操作方式
	集中监视分别操作方式
	集中监视控制（操作）方式
中型处理厂	集中监视控制（操作）方式
	分区监视分散控制方式
	集中监视分散操作方式
大型处理厂	分区监视分散控制方式
	集中监视分散操作方式
	集中管理式分区监视分散控制方式

随着计算机及控制技术的发展，出现了集中式控制形式：由中心控制室的一台计算机系统对各个环节的参数进行巡回检测、数据处理、控制运算，然后发出控制信号，直接控制被控对象。

一台计算机体往往同时控制多个回路、即多个水处理工艺环节。在这种控制系统中，集中检测、控制运算工作量大，要求计算机功能强大，有很高的可靠性。

20 世纪 70 年代以来，以微处理器为核心的各种控制设备发展迅速，使得控制系统的形式也发生了相应的变化，结构组成种类很多。当前水厂采用的自动控制系统的结构形式从自控的角度可以划分为 SCADA 系统、DCS 系统、IPC+PLC 系统、总线式工业控制机构系统等。

1. SCADA 系统

SCADA 系统由一个主控站和若干个远程终端站组成。该系统联网通信功能较强。通信方式可以采用无线、微波、同轴电线、光缆、双绞线等，监测的点数多，控制功能强。该系统侧重于监测和少量的控制，一般适用于被测点的地域分布较广的场合，如无线管网调度系统等。

该系统的基本特点如下：

①组网范围大，通信方式灵活。可以实现一个城市或地区那样的较大的地理分布的监测和控制。

②系统分为主控机和远程终端机两部分，终端机处理能力较小。

③系统实时性较低，对大规模和复杂的控制实现较为困难。

2. DCS 系统

DCS 称为集散型控制系统，是由多台计算机和现场终端机连接组成。通过网络将现场控制站、监测站、操作管理站、控制管理站及工程师站连接起来，共同完成分散控制和集中操作、管理的综合控制系统。

DCS 侧重于连续性生产过程的控制。该系统的基本特点是采用分级分布式控制。系统按不同功能组成分级分布子系统，各子系统执行自己的控制程序，处理现场输入输出信息，减少了系统的信息传输量，使系统应用程序较为简单。

10.3.4 水处理工程自控技术应用

在实际应用中，由于水处理过程中来水水质和处理目标不同，在典型的给水处理和污水处理中的监控手段有所差异，特别是在不同工段中，其控制策略和方式都有很大的不同，下面介绍不同系统中的技术应用情况。

1. 典型给水处理系统的控制技术

（1）流动电流法控制投药量（图 10.15、图 10.16）。

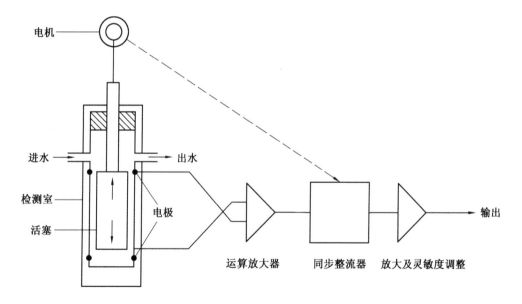

图 10.15 流动电流法工作流程

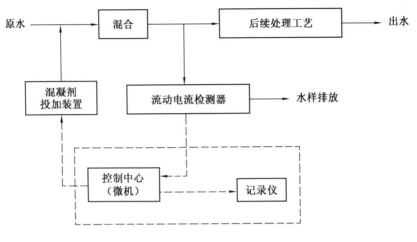

图 10.16　流动电流法工作原理

该法以反映胶体电荷特性的另一参数——流动电流为因子，控制投药。这种方法以胶体电荷为参数，抓住了影响混凝的本质特性；同时，该方法是一种在线连续检测法，易于实现投药量的连续自动控制，因而成为各种胶体电荷控制法，以至现行各种投药控制方法中很有发展前途的方法。在流动电流与混凝工艺相关性的基础上，可以建立流动电流混凝投药控制系统工艺流程。该系统主要由检测、控制、执行三大部分组成，流动电流检测器对加药后的水中胶体电荷进行检测，并经信号处理后将该流动电流信号送至控制器。

控制器对该检测值与事先设定的设定值进行比较，并按一定控制策略对投药量输出进行调整，该药量的调整通过变频调运设备对投药泵的转速调节来实现。流动电流法控制投药量的控制方式有：

①单因子控制：除流动电流参数外，不再要求测定任何其他参数。

②小滞后系统：可以适应水质及水量等的突然变化。

③中间参数控制：设定值是通过相关关系间接反映了浊度要求。

（2）虹吸滤池的运行控制实例。

以可编程序控制器为核心、以 U 型气水切换阀为执行元件，进行的虹吸滤池运行的自动控制如图 10.17 所示。

根据不同的工艺条件，可以按下列 3 种方式控制虹吸滤池的运行。

①自动控制方式：根据各格滤池水位（滤池水头损失）上升到达反冲洗水位的先后顺序进行操作，依次控制滤池的反冲洗。

②定时控制方式：以每格滤池的过滤时间为依据进行反冲洗控制，每当滤池工作达 16～24 h（可调）时进行一次反冲洗。

③手动控制方式：由值班人员根据具体生产情况，手动选定某格或某几格滤池反冲洗，反冲洗过程由控制装置指令自动完成。

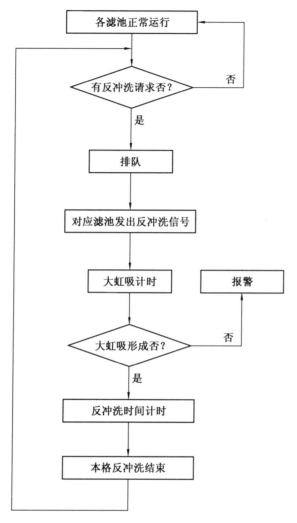

图 10.17　虹吸滤池自控原理图

下面着重介绍自动控制运行方式。

在每格滤池都装有浮球液位检测装置以检测滤池运行工况，当滤池处于过滤周期后期，滤池水位上升到反冲洗水位时，液位检测装置发出反冲洗信号，控制装置控制执行机构完成此格滤池反冲洗过程，即：①破坏小虹吸；②形成大虹吸；③反冲洗计时；④破坏大虹吸；⑤形成小虹吸；⑥反冲洗完毕（滤池恢复正常过滤）。当有两格或两格以上滤池到达反冲洗水位时，控制装置根据各池水位到达的先后次序按先到先冲的原则，依次对此部分滤池进行反冲洗。为保证冲洗强度，反冲洗时间从大虹吸形成后开始计时，保证每次只冲洗一格。

（3）氯气投加的自动控制。

对于氯气的自动投加控制按控制系统的形式划分，可以分为以下几种：

①流量比例前馈控制：即控制投加量与水流量形成一定比例；

②余氯反馈控制：按照投加以后水中的余氯进行反馈控制；

③复合环控制：即按照水流量和余氯进行的复合控制，或双重余氯串级控制等；

④其他控制方式：加以 pH 和氧化还原电势为参数进行控制等。

后加氯系统主要目的是对水进行消毒，并使管网水中保持一定的余氯量。这是保证出厂水满足卫生学指标要求的把关环节，必须严格控制。由于要求水中的余氯量位比较恒定，而滤后水的需氯量是个变值，采用流量比例控制很难达到要求。因此可采用投氯后水余氯简单反馈控制、复合环控制等方式。

前馈反馈复合环控制就是按前馈流量比例和余氯反馈进行复合调节。前馈比例调节可以迅速地调整由于处理水量变化产生的氯需求变化；反馈调节可以对余氯偏差进行更精确的修正，调节特性较简单反馈控制有所改善（图 10.18）。但是这种调节方式仍不能解决水质迅速变化所产生的问题。

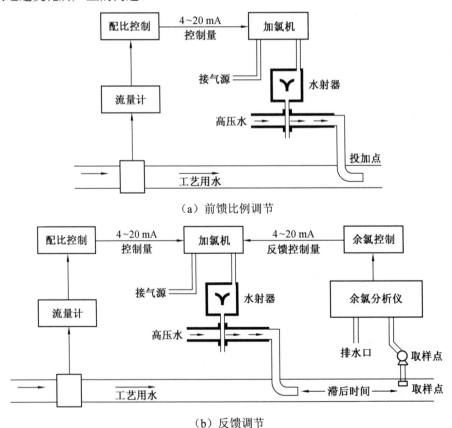

（a）前馈比例调节

（b）反馈调节

图 10.18 前馈反馈复合环控制流程图

2. 典型污水处理系统的控制技术

（1）内循环回流量的控制。

内回流量的控制主要是维持缺氧区末端硝酸氮浓度处于较低的设定值（1～3 mg/L），可以通过 PID 控制器实现控制策略，应用硝酸氮测定仪来测定缺氧区末端硝态氮浓度，也可以测定回流液中的硝态氮浓度建立前馈－反馈控制器（图10.19）。

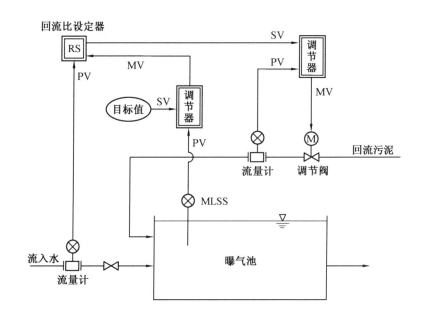

图 10.19　污泥回流 PID 控制原理

（2）压滤机的控制。

压滤机的脱水程序是过滤（压入污泥）→压滤→干燥（吹入空气）→卸开板框（排出滤饼）→冲洗滤布→合上板框等工序反复进行的间歇运转（图 10.20），基本上由顺序计时器控制，因此压滤机需要控制的因素是过滤和压滤时间。当污泥压入板框的压力超过设定值时，安全阀自动关闭，停止送泥与过滤。该过程可以根据滤饼的含水率或过滤速度的检测结果，适当地修正压滤时间的设定值。此外，还有为了使污泥滤饼含水滤保持一定的合适值，通过检测压滤机分离出的滤液量，来控制过滤和压滤时间的控制方法。

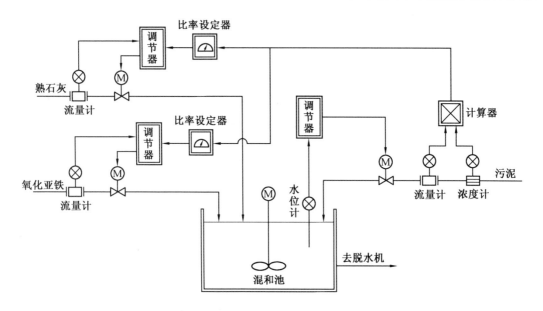

图 10.20　污泥脱水压滤工艺流程

本 章 习 题

1. 水工艺设备为什么要进行材料、设备的腐蚀、防护及保温？

2. 给排水工程中常用的水工艺设备都有哪些？

3. 典型的给排水仪表及设备分为哪几大类？写出几个典型的名称。

4. 试着绘制出流动电流法控制投药量的工作流程。

参 考 文 献

[1] 高等学校给排水科学与工程专业指导委员会. 高等学校给排水科学与工程本科指导性专业规范[M]. 北京：中国建筑工业出版社，2013.

[2] 麦可思研究院. 就业蓝皮书——2017 年中国本科生就业报告[M]. 北京：社会科学文献出版社，2017.

[3] 黄君礼，吴明松. 水分析化学[M]. 4 版. 北京：中国建筑工业出版社，2013.

[4] 浙江大学普通化学教研组. 普通化学[M]. 6 版. 北京：高等教育出版社，2013.

[5] 蔡素德. 有机化学[M]. 3 版. 北京：中国建筑工业出版社，2013.

[6] 石国乐. 给水排水物理化学[M]. 北京：机械工业出版社，2013.

[7] 任南琪，马放，杨基先，等. 污染控制微生物学[M]. 4 版. 哈尔滨：哈尔滨工业大学出版社，2010.

[8] 顾夏声，胡洪营，文湘华，等. 水处理生物学[M]. 5 版. 北京：中国建筑工业出版社，2012.

[9] 王增长. 建筑给水排水工程[M]. 北京：中国建筑工业出版社，2017.

[10] 上海市城乡建设和交通委员会. 建筑给水排水设计规范：GB 50015—2003[S]. 北京：中国建筑工业出版社，2009.

[11] 中华人民共和国公安部. 消防给水及消火栓系统技术规范：GB 50974—2014[S]. 北京：中国建筑工业出版社，2014.

[12] 张自杰，林荣忱，金儒霖. 排水工程（下册）[M]. 北京：中国建筑工业出版社，2018.

[13] 彭永臻. SBR 法污水生物脱氮除磷及过程控制[M]. 北京：科学出版社，2011.

[14] 韩洪军，徐春燕，刘硕. 城市污水处理构筑物设计计算与运行管理[M]. 哈尔滨：哈尔滨工业大学出版社，2011.

[15] 吕炳南，陈志强，贾学斌，等. 污水生物处理新技术[M]. 哈尔滨：哈尔滨工业大学出版社，2013.

[16] 崔玉川. 城市污水厂处理设施设计计算[M]. 北京：化学工业出版社，2012.

[17] 李圭白，蒋展鹏，范瑾初，等. 城市水工程概论[M]. 北京：中国建筑工业出版社，2002.

[18] 姚雨霖，任周宇，陈忠正，等. 城市给水排水[M]. 北京：中国建筑工业出版社，1986.

[19] 张玉先. 给水工程（全国勘察设计注册公用设备师给水排水专业执业资格考试教材）[M]. 北京：中国建筑工业出版社，2011.